卡耐基写给女人

KANAIJI XIEGEI NÜREN

［美］卡耐基 ◎ 著
达　夫 ◎ 编译

光明日报出版社

图书在版编目（CIP）数据

卡耐基写给女人 /（美）卡耐基（Carnegie, D.）著；达夫编译. -- 北京：光明日报出版社，2013.4（2019.5 重印）
ISBN 978-7-5112-4544-1

Ⅰ.①卡… Ⅱ.①卡…②达… Ⅲ.①女性－成功心理－通俗读物 Ⅳ.① B848.4-49

中国版本图书馆 CIP 数据核字（2013）第 082938 号

卡耐基写给女人
KANAIJI XIEGEI NÜREN

著　　者：[美] 卡耐基	编　译：达夫
责任编辑：靳鹤琼　杨　星	责任校对：王腾达
封面设计：青蓝工作室	责任印制：曹　铮

出版发行：光明日报出版社
地　　址：北京市西城区永安路 106 号，100050
电　　话：010-67022197（咨询），67078870（发行），67019571（邮购）
传　　真：010-67078227，67078255
网　　址：http://book.gmw.cn
E - mail：lijuan@gmw.cn
法律顾问：北京德恒律师事务所龚柳方律师

印　　刷：北京朝阳新艺印刷有限公司
装　　订：北京朝阳新艺印刷有限公司
本书如有破损、缺页、装订错误，请与本社联系调换，电话：010-67019571

开　　本：145mm×215mm　　　印　张：12
字　　数：110 千字
版　　次：2013 年 4 月第 1 版
印　　次：2019 年 5 月第 3 次印刷
书　　号：ISBN 978-7-5112-4544-1
定　　价：29.80 元

版权所有　翻印必究

前　言

戴尔·卡耐基，著名的成功学大师、成人教育家及人际关系学大师，被称为美国"现代成人教育之父"。他运用心理学和社会学知识，对人类共同的心理特点进行探索和分析，开创并发展了一套独特的融演讲、推销、为人处世、智能开发于一体的成人教育方式。

在长期的工作实践中，卡耐基接触到来自社会各个阶层的女性，其中既包括一些普普通通的女性，也包括一些家喻户晓的明星、社会名流。她们向他讲述自己生活中的各种际遇，有成功的经验，也有失败的教训。通过对女性的人生愿望、生活烦恼及女性心理学的研究，卡耐基对女性如何远离烦恼、获得幸福、享受生活得出了精辟的见解。

卡耐基告诉女人：要做有魅力的女人。魅力是女人的综合指数，是从女人的身体到心灵的深处自然流露出来的一种气质。女人的容貌、服饰、身体是魅力之形，而女人的学识、阅历、修养则是魅力之本。有魅力的女人有着优雅的气质、得体的打扮、迷人的微笑，在思想和见识方面都有自己独到的见解，她们会用自己的内涵去吸引别人。有魅力的女人就像陈酿的酒一样，时间愈久愈醇，即使不再年轻，却依然散发出迷人的光彩，令人赞叹不已。唯有魅力，才是女人一生永不凋谢的美丽。

卡耐基提醒女人：要做智慧的女人。智慧是人生体验到极致的感悟和平静。智慧的女人心态更为简单纯净，情感更为丰盈与独立；智慧的女人懂得在各种情况下权衡利弊得失，把握进退之宜，做出最佳的选择；智慧的女人能善待自己、宽容别人，从而赢得真挚的友情和爱情；智慧的女人不拜金也不仇富，而是做金钱的主人，用智慧的头脑去管理自己的财富，为幸福的生活建立足够的保障。智慧的女人才是自如应对生活挑战的高手。

卡耐基启迪女人：要做自信的女人。自信的女人高雅却不高傲，内敛而不张扬。她们自信却不自大，谦和却不自卑，性格独立却不执拗。自信的女人有着举止大方、善解人意、内心丰富、自立自强等优点，所以她们能够在这个"物竞天择、适者生存"的社会里纵横驰骋。自信的女人不是男人的依附，而是作为一个社会主体自己承担来自事业、家庭、社会等方面的压力和责任，所以她们的地位变得举足轻重。职场上能够看见她们自信洒脱的身影，生活中能够听见她们干练犀利的言语，她们在尽情地表现着女性的魅力！自信的女人才会安然面对生活中风雨的侵袭，迎来明媚的阳光。

作为女人，应该是有魅力的、智慧的、自信的、成熟的、阳光的、贴心的……这样的女人才能够自我调节与控制情绪，保持身心愉悦；能抗击压力，有果断、坚强的意志力，更能适应环境的变化；拥有和谐的人际关系，自尊、自强、自立、自爱；有明确的人生态度和目标，让每一天都过得精彩异常。

本书是卡耐基先生专门写给女人的人生教科书，它向你展示了卡耐基关于如何成为有魅力的女人、自信的女人、成熟的女人、幸福的女人等主题的精辟阐述与独到见解。卡耐基以独有的视角和智慧、广博的爱心引导广大女性成就辉煌的事业，创建美满的婚恋关系，开创幸福的人生，营造更富活力、更高品质的生活。

这些温暖而发人深省的文字，向你传达的不仅是单纯的知识和瞬间的心灵感触，还是一种获得人生快乐、家庭幸福的智者感悟。它将为不同层次的广大女性走出困惑、烦恼、平庸，走向成功、快乐、幸福，提供最有力、最有效、最持久的帮助。

目 录

第一篇　做成熟的女人

第一章　做情绪的主人 ·· 2
适应不可避免的事实 ··· 2
平静、理智、克制 ·· 4
认识忧虑，抗拒忧虑 ··· 8

第二章　对自己用心才会有回报 ································ 12
对自己用心，回报更大 ··· 12
为目标而努力，就能实现梦想 ··································· 14

第三章　低调做人，灵活处世 ···································· 18
真诚地赞赏、喜欢他人 ··· 18
闲来切忌无事生非 ·· 20

第二篇　做有魅力的女人

第一章　每个女人都能魅力四射 ································ 25
气质是女人魅力的源泉 ··· 25
优雅是魅力女人的高境界 ·· 27
品位，时间打不败的美丽 ·· 32
内涵是女人魅力之本 ··· 36

第二章　好性格为魅力加分 ······································ 40
独立：精品女人的必备要素 ······································ 40

自信：女人魅力一生的资本 …… 42
　　坚强：女人拥抱挫折的后盾 …… 47
　　幽默感：魅力女人的最好表现 …… 48

第三篇　做智慧的女人

第一章　智慧是女人最可靠的资本 …… 52
　　读书的女人永远美丽 …… 52
　　做一个快乐的知识女性 …… 53

第二章　做好一生的规划 …… 56
　　确立人生的起跑点 …… 56
　　拥有自己的计划 …… 58
　　对自己进行"盘点" …… 60
　　不断翻新人生计划 …… 63

第三章　聪明女人会消费 …… 67
　　购物时别受情绪驱使 …… 67
　　用目标约束无节制的消费 …… 69

第四篇　做自信的女人

第一章　爱上你自己 …… 74
　　能听意见，也有主见 …… 74
　　学会喜欢自己 …… 76
　　保持自我 …… 79

第二章　工作让女人更自信 …… 82
　　选择理想的职业 …… 82
　　做最优秀的职员 …… 84
　　享受家中工作的乐趣 …… 86

第三章　你是独一无二的 …… 89
坚持做不盲从的人 …… 89
做本色的"我" …… 90
安排自己的生命时序 …… 92
不做别人的影子 …… 93

第五篇　做贴心的女人

第一章　做男人事业的推进器 …… 96
鼓励他从事合适的职业 …… 96
让丈夫静心工作 …… 98
鼓励他不断学习 …… 101

第二章　体贴是女人最大的美德 …… 105
在生活的小细节中体贴他 …… 105
给别人说自己得意事情的机会 …… 108
善解人意，体贴他人 …… 111

第六篇　做阳光的女人

第一章　保持对生活的激情 …… 117
找出心中之火，拥抱激情 …… 117
坚持并非易事 …… 121
表达激情因人而异 …… 123

第二章　不断更新自我 …… 132
更新自我 …… 132
计划更新 …… 133
每日恢复体力 …… 134
给自己的思想充电 …… 137

帮助别人，更新自我……………………………139
　第三章　迈向活力的巅峰……………………………142
　　远离亚健康……………………………………142
　　掌握生活平衡…………………………………145
　第四章　简单才能快乐………………………………149
　　放下包袱………………………………………149
　　保持快乐与活力………………………………152

第七篇　做幸福的女人

　第一章　机敏地抓住幸福……………………………157
　　做有格调的女人………………………………157
　　机敏地抓住幸福………………………………159
　第二章　你的爱情你掌控……………………………162
　　及时启动你的人格魅力………………………162
　　给爱情确定规则………………………………164
　第三章　打造幸福婚姻的黄金法则…………………168
　　选择正确的时机与男人交流…………………168
　　用有效的方式沟通……………………………170
　第四章　做最有魅力的妻子…………………………176
　　创造浪漫温馨的家庭氛围……………………176
　　向他表达你的爱和幸福感……………………179

第一篇
做成熟的女人

第一章 做情绪的主人

适应不可避免的事实

这件事发生在我很小的时候。有一天,我和几个朋友一起在我家附近一间废弃很久的老木屋的阁楼上玩。那时候的我也是很调皮的,所以当有人提议从阁楼上跳下去时,我第一个就响应了。我在窗栏上站了一会儿,然后很"勇敢"地跳了下去。

就这一跳,让我付出了惨重的代价。当时,我的左手食指上戴了一枚戒指。就在我的身体往下落的时候,戒指被一根钉子钩住了,而我的整根手指也被生生扯了下来。

当时我被吓坏了,因为那种疼痛确实让人很难忍受。我认为我一定活不长了,可实际上事情远没有我想象的那么糟。等我的手伤痊愈以后,我几乎没有为这次受伤烦恼过。是的,烦恼又能怎样呢?还不如慢慢适应这个不能避免的事实。直到今天,我几乎已经忘记了那件令人痛苦的事情——我的左手只有四根手指。

女士们,相信你们一定和我有同样的想法,那就是每当人们处于不得已的情况时,总是能够尽快地去适应它。因为只有去接受这种情形,才能让我们忘记它所带来的痛苦。每当我遇到不开心、不快乐的事情时,总是会想起这样一句话:事情既然已经这样了,那就不可能会有其他改变了。

我认为这句话非常具有哲理,因为我们一生总是难免会遇到各种挫折和不快。面对这些东西时,我们可以有两种选择:一种是接受它,适应它;另一种是担心它,忧虑它,让它摧毁我们的快乐生活。

不适应现实的结果

改变不了任何事情;
变得紧张、忧虑、神经质;
使周围的人不能快乐地生活;
失去对生活的希望;
可能导致精神错乱。

就在前不久,我去拜访了一位资深的心理学家,问及他应该以怎样的心情来应对不幸才能最终获得胜利。心理学家给我的答案让我有些吃惊,他告诉我说:"很简单,只要你接受了它,适应了它,那么你就已经成功迈出了战胜不幸的第一步。"

环境本身其实并不会让我们感到快乐或是不快乐;相反,我们对环境的反应才最终决定我们的感受。事实上,我非常清楚地知道,大多数女士的内心是十分脆弱的,因为她们没有勇气去承受住灾难的降临。但是,我要告诉各位女士的是,每一个人都有能力去战胜灾难。不要以为你们办不到,其实你们内在的潜力是有着惊人的力量的。只要你们能够巧妙地把它们利用起来,那么你们就可以战胜一切。

女士们,实际上我们每个人都像一辆车,而我们的思想就是四个车轮。人生之路要比那些笔直、平坦的高速公路颠簸得多,所要遇到的阻碍也多得多。如果我们为自己安上"强硬"的轮胎,那么我们的路途恐怕就不会快乐顺畅了;相反,如果我们吸收了这些挫折呢?答案非常简单,一切的困难和矛盾都会消失,我们也不会被忧虑所困扰。

当然，在这里我必须澄清一点。我建议女士们适应不可避免的事实，建议女士不去反抗所遇到的灾难，这并不代表我是一个宿命论者，也并不表示我希望女士们在碰到任何挫折的时候都选择退缩和放弃。事实上，我更希望看到坚强的女士，希望女士们能够勇敢地面对一切。不管在什么情况下，哪怕只有一丝希望，我们都要努力奋斗。

可是，当那些人力所不能改变的事情发生时，比如亲人离我们而去、自然灾害所造成的损伤等，我们应该选择适应。这些事情是不可能避免的，更是不可能改变的。也就是说，不管我们再怎么努力，都不能使事情本身出现任何转机，因此我们应该毫不犹豫地选择适应。

最后，我再为我的观点找一个经典的论据。很久很久以前，就有一句非常经典的话在欧洲流传："对那些必然发生的事，应该轻松快乐地接受它们。"

平静、理智、克制

在我们身边，经常会看到一些这样的女士：她们脾气暴躁，为了一点点小事就会大发一顿脾气；倘若稍不如意，她们就会愤怒不已、火冒三丈。虽然女人不一定都像男人那样在发怒的时候大打出手，但还是很容易丧失理智，从而出言不逊，导致人际关系受到影响。当然，我知道，很多人在冲动地发怒之后都会觉得追悔莫及。

我理解女士们的心情，当你们遇到不公正的待遇或是受到什么委屈的时候，选择发脾气这种方法来宣泄的确是个不错的主意。然而，女士们有没有想过，这种方法能给你们带来什么？能够让问题得到解决，还是让对方一起和你分享快乐？我想两者都不是。你的这种做法只会换来别人的反感、厌恶甚至反抗。威尔逊总统曾经说："如果你是握紧一双拳头来见我的话，那么我绝对会为你准备一双握得更紧的拳头。可是，如果你是对我说：'我们还是坐下来好好谈谈，看看分歧究竟在哪儿？'那么我将会非常高兴地同意你的意见，而且我们也会发现彼此之间的距离并不是很大，观点上也没那么大差异。其实，我们之间还是有很多地方存在共同语言的。"

很多女士往往把发脾气看成是人类的天性。的确，人是情感最丰富的动物，会根据他的判断对事物做出反应。因此，在一定程度上，我同意那些女士的看法。可是，女士们有没有想过真正喜欢发脾气的是那些小孩子，因为他们的心智还不够成熟，克制力也不够强。也就是说，他们的人性的表现更加突出一些。可是，作为成年人，女士们应该拥有成熟的心理，也就是说能够做到平静、理智、克制。

曾经有一位女士对我说，她不认为我所谓的"平静、理智、克制"很重要，因为在当今的美国，那也是"懦弱"的代名词。如果她不能以愤怒来反抗一些事情的话，就不能给自己争取到一些合理的权利。事实果真如此吗？我不这么认为，因为我的朋友蒂斯娜女士就没有和她那个"吝啬"的房东发脾气，却达到了她的目的。

蒂斯娜女士住在纽约的一家公寓里。前段时间，她的经济状况出现了一点问题，而这时房东却突然提出要抬高她的房租。老实说，蒂斯娜女士当时真的非常气愤，因为房东的行为的确有点

"趁火打劫"的味道。不过,最后还是理智战胜了发热的头脑,蒂斯娜女士决定采用另一种方法来解决这个问题。她给房东写了一封信,内容是这样的:

> 亲爱的房东先生:
>
> 　　我知道,现在房地产的行情的确很紧张。因此,我能够理解您增长房租的做法。我们的合约马上就要到期了,那时我不得不选择立刻搬出去,因为涨钱后的房租对我来说有些难以接受。说真的,我不愿意搬,因为现在真的很难遇到像您这么好的房东。如果您能维持原来的租金的话,那么我很乐意继续住下去。这看起来似乎不可能,因为在此之前很多房客已经试过了,结果都以失败而告终。虽然他们对我说,房东是个很难缠的人,但我还是愿意把我在人际关系课程中所学到的知识运用一下,看看效果如何。

效果如何呢?那位房东在接到蒂斯娜的信以后,马上带着秘书找到了她。蒂斯娜很热情地接待了房东,并且一直没有谈论房租是否过高的问题。蒂斯娜很高明,只是不断地在和房东强调,她是多么喜欢他的房子。同时,蒂斯娜还不停地称赞他,说他是一个深谙管理的房东,而且表示愿意继续住在这里。当然,蒂斯娜也没有忘记告诉房东,自己实在负担不起高额的房租。

很显然,那个房东从来没有从"房客"那里受到过如此之高的评价。他显得很激动,并开始抱怨那些房客无礼。因为在此之前,他曾经接到过14封信,每一封都充满了恐吓、威胁、侮辱的词语。最后,在蒂斯娜女士提出要求之前,房东就主动提出要少收一点租金。蒂斯娜又提出希望能再少一点，结果房东马上就同意了。

后来，蒂斯娜在和我谈论起这件事的时候说："我真的很庆幸当时没有随便地乱发脾气。虽然那还不至于让我露宿街头，但确实会给我带来很多麻烦。"是的，女士们，这就是平静、理智、克制的好处。它能让你找到解决问题的最佳途径。

我的偶像，美国历史上最伟大的总统之一——亚伯拉罕·林肯曾经说过："当一个人的内心充满怨恨的时候，就会对你产生十分恶劣的印象，那么即使你把所有学过的理论都用上，也不可能说服他们。看看那些喜欢责骂人的父母、骄横暴虐的上司、挑剔唠叨的妻子，哪一个不是这样？我们应该清楚地认识到：最难改变的就是人的思想。但是，如果你能够克制住自己的愤怒，以冷静、温和、友善的态度去引导他们，那么成功的可能性将大很多。"

对林肯的观点我表示同意，而且我还给他找到了一条理论依据。有一句非常古老的格言："一滴蜂蜜要比一滴胆汁更容易招来远处的苍蝇。"对于人来说也是一样。我们想要解决问题，无非就是想要对方同意我们的观点。然而，你想获得别人的同意，首先就要做对方的朋友。你要让他们相信，你是最真诚的。那就像一滴蜂蜜灌入了他们的心田，而并不是一滴腥臭的胆汁。

能够做到平静、理智、克制，不仅可以帮助你们妥善地解决所遇到的各种问题，而且对女士们的身心健康也是非常重要的。女士们回想一下，当你们想要爆发的时候，是不是有这样的感觉？你们会不会觉得心跳在加快、血压在上升，呼吸也变得急促起来。没错，这是由于交感神经过于兴奋引起的。洛杉矶家庭保健研究协会主席阿马尔·杜兰特曾经说："那些爱发脾气的人很容易患上高血压、冠心病等疾病。同时，情绪上太波动还会使人感觉食欲不振、消化不良，从而导致消化系统疾病。而对于那些已经患有这些疾病的人，发脾气也会使他们的病情更加恶化，严重的还会导致死亡。"

我不知道女士们是怎么想的，反正我看到这里的时候真的开始为自己担忧，因为我以前也曾经为了一点小事发脾气。不过幸运的是，我现在已经不会了，因为我现在已经有了一套很好的解决办法。

也许这些方法并不一定适合所有的女士，却是给女士们提供了一些建议。你们不妨把它当作蓝本，然后再结合自己的情况做出调整。我相信，做到平静、理智、克制并不是一件不可能的事。

认识忧虑，抗拒忧虑

每个人的情况都是不同的，所以每个人的忧虑也都是各不相同的。就算是同一个人，处于不同时期，也会有不同的忧虑。因此，女士们要想让自己能够应对一切忧虑，那么就必须想办法认识忧虑的本质，从而抗拒忧虑。

从古至今，忧虑一直都是困扰人类的一个难题，因此很多古代学者也都在研究，古希腊哲学家亚里士多德就是其中之一。他告诉人们，当面对忧虑的时候，一定要学会三种分析问题的方法，因为这三个基本步骤可以帮助你们解决各种不同的忧虑。让我们来一起看看：

女士们，这三个步骤是非常有效的，如果我们不想再忍受忧虑的逼迫和折磨，不想再让自己生活在地狱之中，那么我们就必须按照这个步骤来做。

我们先来弄清事实的真相。女士们可能会有疑问，为什么亚里士多德要将这一点放在第一的位置上？道理很简单，如果你连事实的真相都搞不清楚的话，那么你怎么可能会想出解决问题的明智方法？找不到事实的真相，那我们就相当于是在混乱中摸索。

不过，对这一点的认识并不是我发现的，而是哥伦比亚已故的教授哈勃特·赫基斯研究出来的。这位教授曾经帮助20多万学生摆脱了忧虑的困扰。他曾经说过，世界上所有的忧虑都是因为人们没有足够的知识去做决定而产生的。

在我和他聊天的过程中，他跟我说："戴尔，你知道吗？产生忧虑的主要原因就是混乱。我们打个比方，比如我有一个问题必须在下周二以前解决。那么，在到达规定时间以前，我是根本没有时间和精力去做任何决定的。在那段时间里，我所能做的只有集中全力去收集和这个问题有关的事情。那时我不会被忧虑所困扰，因为我只是想着如何收集到更多的事情。如果在周二之前，我已经搞清了所有的事实，那么我就不会忧虑了，因为问题已经解决了；相反，如果我还没有搞清事实，那么恐怕我就该开始失眠、发愁和难过了。"

我点了点头，问赫基斯教授，这种做法是否可以让人们完全免受忧虑的侵扰。赫基斯也点了点头，说："是的，老实说，我现在真的一点也不忧虑。因为我发现，如果我们都能够以一种客观的、超然的态度去寻找事实的话，那么困扰我们的忧虑就一定会消失得无影无踪。"

的确，这是一个好办法。然而，大多数人是怎么做的呢？人们往往不愿意多思考，只想通过各种投机的手段来达到目的。即使人们真的去思考了，也往往像猎狗一样寻找那些已经知道的事情，而忽略了其他重要的事情。我们所寻找的东西都必须符合一个标准：与我们的想法相同，符合我们对事物的偏见。安德烈·马若斯曾经指出："凡是那些和我们个人愿望相符合的东西，我们就会把它们看成是真理；如果不符合，那么就一定会招致我们的愤怒。"

一切问题的答案找到了，怪不得我们总是很难找到问题的答案。举个例子来说，如果你在脑子里认定了1加1等于3的话，那么恐怕你连一个会做数学题的小学生都不如。道理虽然简单，但很多人实际上都一直坚信1加1就是等于3，或者是等于300。结果，把自己和别人的日子都搞得不好过。

女士们，你们现在有什么想法？是不是觉得应该马上想办法解决？的确，不能再迟疑了。我们首先应该把思想中的感情因素排除出去，就如赫基斯教授所说的那样，以一种超然的、客观的态度去查清事实的真相。

当然，我也承认，在女士们已经被忧虑困扰的时候，做到这一点是相当不容易的，因为那时候我们的情绪往往很激动。不过，我在赫基斯的基础上又做了进一步研究，找到了两个帮助女士们认清事实的方法：

（1）女士们不妨把自己假设为第三者，以别人的身份来进行事实收集。这样一来，我们就可以让自己保持客观、超然的态度了，同时也有助于女士们克制自己的情绪。

（2）女士们可以把自己设置成对方律师的身份，然后再寻找和忧虑有关的事实。也就是说，女士们在收集事实的时候也要收集那些对你不利的，也就是和你希望相违背的或是你不愿意面对的事实。接着，你再把正反两方面的事实都写下来，这时你往往会发现，真相就在这一正一反之间。

上面就是我要说的弄清事实。的确，如果你不能搞清事实真相的话，那么就算你是科学家、伟人，美国最高法院也不会做出明智的决定。发明家爱迪生就十分懂得这个道理，因此人们在整理他所留下的 2500 个笔记本时发现，里面记满了他曾经面临的各种问题。

是不是把所有的事实都搞清楚就能认识忧虑了呢？不，女士们，这还远远不够。即使我们把世界上所有的事实都收集过来，如果我们不对它们进行分析的话，恐怕也不会对我们有丝毫的帮助。

我曾经也受过忧虑的折磨，因此自己也总结出了一套认清忧虑的好办法。我总是先把所有的事情写下来，然后再逐一分析，这时问题就变得简单多了。我自认为这个方法不错，因为如果我们把事实都写在纸上，那么我们就能够很快地找出一个最好的解决问题的方法。就像查尔斯·凯德里说的："如果你能把问题讲清楚，那么这个问题你就已经解决了一半。"

最后，我再送给女士们五种克服忧虑的方法，希望能够对女士们有所帮助。

让自己保持热忱和积极的心态。

找一本好书来读。

让自己多做运动。

使自己不被工作的压力困扰。

把问题交给时间和耐心来解决。

第二章 对自己用心才会有回报

对自己用心，回报更大

你是不是工作很努力、终日劳累，却发现自己的生活依然很窘迫？如果这时有人对你说"之所以这样是因为你对自己不够用心"，相信很多人都会很生气：我拼命工作，甚至牺牲了很多娱乐时间，难道还不够用心吗？

问题是：你真的"拼命"了吗？真的"用心"了吗？

如果你有不错的学历，本来可以像你的同学那样找个既轻松又高薪的工作，但你却因为自己的口才和外语口语能力差而不敢去尝试需要付出努力的工作，只是找了一个自己干着顺手、几乎不用动什么脑筋然而薪水微薄的工作，并一直在为自己又忙又累而烦恼。这时的你，如果好好练习一下自己的口才，好好练一下外语口语，说不定你会很快从现在的处境中脱身。

然而你却懒得抽出空闲时间去练习这些，有时间还想睡个觉或看看电视，你也就很难摆脱你的糟糕生活。这难道能说你对自己"用心"吗？

很多年轻漂亮的女孩总是把自己的大好光阴浪费在非常普通的职位上，因为她们从来没有想过要提高自己的智力水平，也没有利用一切可能的机遇去谋求更高的职位。她们既不懂得利用身边可利用的资源，也不想给自己充电。像这样对自己不用心的女人，很难想象她们会对其他事情比如爱情、婚姻用心。

很多人只是满足于把自己的基本任务做好，对基本任务之外的东西却不愿意多花一点精力。他们不愿意用现在的一点牺牲换取美好的未来，他们宁愿过舒服的日子，不想把空闲时间用在自我提高或改变上。尽管他们也有要过好日子的愿望，但这个愿望只是模糊的，并不清晰，他们对成功的渴望并不强烈。于是，很多人虽然一生都很辛苦，但对改变自己的生活并没有什么太大的效果。他们本来有能力过得更好，却不够用心，没有一种拼命的精神，不想通过奋斗来获得更多的东西。用奥里森·马登的话来说就是"不敢玩对他们来说完全值得的游戏"。

用心是一种习惯。虽然每个人用心的事情不一样，人的精力也是有限的，没有必要把精力浪费在每一件事上，但是一个能把自己重视的事情用心做好的人，通常在别的事情上也会如此。这样的人，最终都会过上不平凡的生活。

只有对自己的事情用心，你才能每天不管多累都精神百倍。你会知道怎样去收集所需要的信息，做应该做的事，认识该认识的人，而不是得过且过。

如果你想做成一件事，那就全力以赴，把它做到最好，而不要随便应付。"精诚所至，金石为开。"你必须对你要做的事情有诚意，要么不做，做就做到最好。

你对自己用心，就会不断想着如何改变自己的处境，让自己生活得更好，就会在司空见惯的生活中发现"金子"。很多创业成功者往往是靠着一个点子、一个主意而发家致富的。他们都是些普通人，因为对自己的事情用心，所以头脑中才会时时蹦出与众不同的点子。

对自己用心，就是在做一件重要的事情时，经常问问自己：

我还能做什么？怎样才能把问题圆满解决？

没有不用心就可以办成的事情。如果你想过好日子却又不愿意完全付出，好日子永远不会自动来找你。如果你发现自己做事经常失败，那你就该反思一下自己是不是够用心。只有对自己用心，你才能有更大的回报。

为目标而努力，就能实现梦想

美国著名整形外科医生马克斯韦尔·莫尔兹博士说：任何人都是目标的追求者。一旦达到一个目标，第二天就必须为第二个目标动身起程了……人生就是要我们起跑、飞奔、修正方向，如同开车奔驰在公路上，偶尔在岔道上稍事休息，便又继续不断地在大道上疾跑。

有一个小女孩名叫罗斯。有一天，老师让学生们把自己的梦想写出来。罗斯写的梦想是拥有一个属于自己的豪华农场，并且还画了一张农场的设计图。老师给她的答卷打了个不及格，并批评罗斯是在做白日梦。老师认为，建农场需要一笔很大的开销，而罗斯年龄这么小，又是个女孩，既没钱又没家庭背景，怎么可能实现这个愿望呢？

小罗斯却很认真，她把自己的梦想细细地描述出来，并且还确定了每个不同阶段的目标，之后她就朝着这个目标努力。多年后，罗斯终于有了一座属于自己的豪华农场。有意思的是，当年那位批评过她的老师还亲自带着学生来这里参观。这位老师对自己当年的做法惭愧极了。

成功的路是由目标铺成的，为目标而努力就能达成梦想。选择目标的重要性毋庸赘言，关键是如何选择最佳目标，如何为目标而努力。

选择人生的最佳目标：写出曾想过的目标，再罗列自己的优点、所希望的成功类型、心理素质、健康状况、家庭及社会情况，将自己的目标一一对照，筛选出最适合自己的目标。

即使你现在有工作，也应该抽出时间到职业交流中心看看，进行行业咨询，收集相关信息，多和朋友联系，多了解社会资讯，以便找到并实现自己的最佳目标。

多留心一些经济信息，多关注社会，随时走在时代的前面，自然会有宽广的视野。

如果你目前的工作并非你的兴趣所在，不利于你长远的发展，只会白白消耗精力，那你不妨多"充电"，提高自己的能力，转向自己梦想的目标，而不能不负责任地得过且过。

有了目标，如果不懂得如何去为目标努力，那再好的目标也是枉然。为着目标而努力，不是一味埋头苦干就行的，你还需要突破一些阻碍你成功的心理和现实方面的障碍，学得更活泛一些。

多学一些让你更容易成功

为了更接近你的目标，你得有一些业余爱好。别人会的，你也要会一点。

试想，一个工作努力又多才多艺从而在单位节日晚会上大显身手的人，和一个工作勤勤恳恳却没有什么爱好和特长的人，哪一个更容易得到升职的机会？

不要总是抱怨别人只看重外表，你也应该学习包装自己，让外表更能引起别人的重视；不要埋怨别人喜欢性格活泼、巧舌如簧的人，你也应该学会让自己活泼一些、能说会道一些。唱卡拉OK、跳交际舞、打高尔夫、拉小提琴……别人会的，你也应该会一点，至少要有一样拿得出手。

本领多，别人会佩服你，说你有能力。而在职场中、在生活中，别人对你的肯定是你成功的最重要条件。

本领多的人到处受人欢迎，他们和什么样的人打交道都不发怵，都可以畅谈一番，至少不至于冷场。这样的人更有机会接触各阶层的人，尤其是接触那些比自己成功的人。这样的人有一种不输给任何人的自信，有一种在任何环境中都游刃有余、迅速和大家打成一片的能力。

如果一有时间就坐在家里看电视，这当然比较舒适，也比较容易——顺流而下总是比逆流而上容易。但人生不应该在电视机前度过，你应该到外面去，多接触一些人，多做一些事。哪怕你只是拉着朋友一起去挑选衣服，做个发型、美美容，也比你坐在家里好。

不要总是说一天紧张的工作之后身心疲惫，没时间学这学那，也没时间出去逛街。时间就像海绵里的水，要挤，总是可以挤出来的。并且，也许你已经发现，那些要做很多事并且各方面都照顾得很好的人，他们往往看起来永远有用不完的时间。

不要总拿没时间做借口，为了不让人生处处碰壁，你必须逼着自己多学一些东西。学习的过程可以给你带来意想不到的成功感，会给你的生活带来活力。一定要让自己动起来，而不能让你的生活过早地陷入沉闷和枯燥。

机遇属于有准备的人

也许你正在为没有机遇而焦虑，不要灰心，机遇属于有准备的人。只要你向着目标孜孜不倦地做准备，并抓住一切可利用的资源寻找机会，总有一天机会会降临你的身上。

在别人眼里具备了某些条件的人，比那些看起来什么都不会的懒人更容易获得成功的机会。精心地管理自身、包装自己，更容易得到别人的认可。要想获得成功，你必须把自己包装成一个体面的人，一个看起来像样的人。然后渐渐地，你就真的有了成功者的心态。

第三章 低调做人，灵活处世

真诚地赞赏、喜欢他人

我不知道女士们是否会和我有一样的想法，但在开始这个话题之前，我想先问你们一个问题："你认为世界上促使人去做任何事的最有效的方法是什么？"我相信你们会给出各种答案，但我想说的是，真正可以让别人做事的唯一办法就是，给他们最想要的东西。疑问又来了，一个人到底最想要什么呢？

有人说"食欲、性欲、求生欲"是人类的三大本能，其实人们对这种"希望具有重要性"的迫切热望绝对不亚于对前三者的需要。林肯曾经提到"人人都喜欢受人称赞"，威廉·詹姆士也曾经说过："人类本质里最殷切的需求就是渴望被人肯定。"应该说，就是在这种"希望具有重要性"的促使下，我们的祖先一点点地创造出了今天的一切文明，否则我们恐怕就和禽兽没什么两样了。

每个人，当然包括男人和女人，都希望自己受到别人的重视。尤其是男人，他们更希望能够引起女性的重视，更希望从女性那里获得满足这种"希望具有重要性"的感受。作为一名女性，如果你想与别人相处得十分融洽，如果你想成为一个受欢迎的人，那么你首先要做的就是满足他们这种"希望具有重要性"的心理，而你最好的选择就是真诚地赞赏他们。

还有一点我必须告诉各位女士，那就是你能否真诚地去赞赏那些男士们直接关系到你是否能找到一个称心如意的伴侣或是拥有一个美满幸福的家庭。所以我要告诫各位女士，当你和你的男友或是丈夫相处时，如果你想让你们彼此都拥有幸福的美好感觉，那么你最应该做的就是去真诚地赞赏他们。不过，你能够真诚地去赞赏他们的前提则是必须真心地喜欢他们。

我并不是在这里危言耸听，因为在历史上像这样的例子数不胜数。乔治·华盛顿，美国第一任总统，他最高兴的就是有人当面称呼他为"美国总统阁下"；哥伦布，这个发现美洲的航海家，他曾经要求女王赐予他"舰队总司令"的头衔；雨果，伟大的作家，他最热衷的莫过于希望有朝一日巴黎市能改名为雨果市；就连最著名的莎士比亚也总是想尽办法给自己的家族谋得一枚能够象征荣誉的徽章。

这里，我之所以列举了这些成功男士的例子，无非是想告诉各位亲爱的女士，一个成功的男人虽然已经获得了很多很多的东西，但他们永远不会对那美妙的赞美声产生厌倦。因此，如果你想成为男人眼中最善解人意、最迷人、最美丽的女性，那么你最好的选择就是去真诚地赞赏他。当然，女性在生活中接触更多的可能还是同性朋友。我可以告诉各位女士，女人对这种赞美声的渴望绝不亚于男人，而且更甚。她们总是希望能够得到他人的赞赏，得到别人的重视，尽管她们做得并不够好。相信各位女士经常会在心里佩服其他的女性，却很少表达这种心情。"挑剔"似乎是女人的特权，因此女人对她身边的人总是很不满意。她们认为，身边的人做得还远远不够，至少还没有做到能够让她赞赏的那个地步。

我希望女士永远不要忘记，在人际交往的过程中，我们接触的是人，是那些渴望被人赞赏的人。应该说，赐给他人欢乐，是人类最合情也是最合理的美德。因为伤害别人既不能改变他们，也不能使他们得到鼓舞。

为了让我自己能够做到真诚地去赞赏和喜欢别人，我在家里的镜子上贴上了一则古老的格言：

人的生命只有一次，任何能够贡献出来的好的东西和善的行为，我们都应现在就去做，因为生命只有一次。

实际上，我每天都要去看它几回，目的是让我永远地把它记住。我相信，你和我没有什么不一样，男人和女人也没有什么不一样。因此，女士们，请你们一定要记住，待人处世最重要的一点就是发自内心地、由衷地、真诚地赞赏和喜欢他人。

闲来切忌无事生非

我一直都有晚饭后散步的习惯。我觉得，这种行为不仅有益健康，而且也是一件令人愉快的事情。这天晚上，我照例独自一人来到了我家附近的一座公园。也许是走的时间长了点儿，我觉得有些累了，于是就找了把椅子坐了下来。

过了大约20分钟，就在我准备起身离开的时候，突然听见后面有人喊了一声："女士，我想你知道你在做什么？现在我通知你，你已经被捕了。"我赶忙回头看了一下，发现站在我后面的是一位漂亮的小姐和一位警察，而那位小姐手中正拿着一个钱包。当然，那个钱包是我的。警察先生很礼貌地对我说："先生，我刚才看见这位女士趁您不备的时候偷了您的钱包,现在您有权起诉她。"还没等我开口,那位女士就赶忙辩解道:"不,警察先生,实际上我并不是真的想偷这位先生的钱。我发誓,我本来打算把钱包还给他的。"女士的话显然没有打动警察,那位警察先生面带讽刺地说:"哦,是吗?你觉得我会相信你的话吗?既然你打算把钱包还给这位先生,那你为什么还要去偷呢?"女士回答说:"是这样的,先生。其实我并不缺钱,我丈夫是个有钱的商人。我不需要工作,也不需要做家务,因此每天都感觉十分无聊。我也不知道自己是怎么了,竟然想借偷别人钱包这件事来打发时间。不过说实话,这真的很刺激。当然,我从来没有真的拿过那些人的钱,因为我每次得手之后,总会把钱包还给别人。"我马上明白,这是一位因为无聊而无事生非的女士,于是就对警察说:"谢谢你的帮助,不过我不打算起诉她,因为我能理解她。"可能警察也和我有同样的想法,因此他也没有把那位女士抓到警察局。

  女士们一定不会相信这是真的,因为这种行为看起来简直太不可思议了。然而,这就是事实,我没有对它进行过任何加工。也许女士们会笑话那位偷钱包的女士,认为她肯定是个精神有问题的人。可是,女士们有没有反思过自己,虽然没有去偷别人的钱包,然而你们是不是也经常会在闲下来的时候有种找点儿事做的冲动?当然,这种做事的冲动是一种无事生非的冲动。

  纽约大学心理学教授约翰·凯奇在一次演讲中提到:"人是一种对精神需求最多的动物。相对于其他动物来说,人是最容易感到无聊的。在每个人的潜意识里,都有一种要排解无聊的倾向。当感到无所事事的时候,人们总是想通过做一些违背常理的事情来寻求刺激。我在这里没有任何歧视的意思,实际上家庭主妇是最容易犯这种错误的。道理很简单,作为家庭主妇,她们每天的工作就是打扫房间、照顾孩子、准备饭菜。正是这些单调、枯燥的工作使得家庭主妇更容易被无聊困扰。这时候,她们需要刺激,需要找一些事情让自己感兴趣,因此聚在一起聊天就成了她们最大的爱好。当然,聊天的内容很广泛,可以涉及很多领域。不过,经过调查表明:她们聊天的内容往往集中在别人身上。换句话说,她们更多的时候是在无事生非。"

真庆幸,如果约翰博士是在公共场合下发表这篇演讲的话,相信一定会招来主妇们愤怒的谴责。她们会大声叫喊说:"你简直是在信口雌黄,为什么一说到这种事情总要扯到我们女人身上来呢?难道男人就不喜欢在一起议论别人吗?难道我们女人都是长舌妇?"

女士们,请你们冷静一下,约翰博士已经说过了,他没有一丝歧视的意思。女士们不妨想一想,是不是有很多女士在闲下来的时候会无事生非?答案你们应该有了,因此我也没必要说出来。不过我想女士们都会同意我的说法,那就是不管怎么样,无事生非终归不是一件好事。

很显然,无事生非总是会给女士们带来一些麻烦。就像开头的那位女士,如果不是我和那位警察都比较"仁慈",相信这位女士一定会被带到监狱去的。我知道,这位女士的初衷不是邪恶的,她们不过是想借此排解无聊。然而,她们的行为确实在无形中伤害到了很多人。我想,这种损人不利己的事情,女士们还是不做为好。

已故的哈佛大学医学院教授理查德曾经说过:"当我们闲下来的时候,我们就会变得非常发愁,因为我们在想该如何打发那些无聊的时间。于是,那些被称为'胡思乱想'的家伙占领了我们的精神,掏空了我们的思想,使我们的行为和意志力失去了控制。"

女士们,请你们牢记,要想成为受人欢迎的人,那么就千万不要无事生非。

第二篇
做有魅力的女人

第一章　每个女人都能魅力四射

气质是女人魅力的源泉

美丽出于天然，而气质却需要经过后天培养方能形成。许多不美丽的女人因为自身独特的气质，总能在熙熙攘攘的人群中卓然挺立。气质是女人一件永恒的化妆品！

气质是指人相对稳定的个性特征、风格以及气度。性格开朗、潇洒大方的人，往往表现出一种聪慧的气质；性格内向、温文尔雅的人，多显露出高洁的气质；性格爽直、风格豪放的人，气质多表现为粗犷；性格温和、秀丽端庄，气质则表现为恬静。无论聪慧、高洁，还是粗犷、恬静，都是一种气质美。

一个女人的真正魅力主要在于其特有的气质，这种气质对同性和异性都有吸引力，这是一种内在的人格魅力。气质美看似无形，实则有形。它是通过一个人对待生活的态度、个性特征、言谈举止等表现出来的。走路的步态、待人接物的风度，皆属气质。女人可以凭借自己漂亮的容貌吸引人们的眼球，赢得极高的回头率，但真正能让人们为之倾倒的，却是女人那如诗的美丽气质！

天赋的容颜是一道最容易消逝的风景，无情的岁月在夺走女人那面如桃花的容貌的同时，也会在那张曾经漂亮的脸上烙印下岁月的痕迹，而存留下来的正是生命中最本质的内容——气质！

气质是女人魅力的源泉，就如同一座山上有了水就立刻显现出灵气一样，一个女人只要插上了气质的翅膀，就会立刻神采飞扬、明眸顾盼、楚楚动人起来。

一位著名的女士说过："气质与修养不是名人的专利，它是属于每一个人的。气质与修养也不是和金钱、权势联系在一起的，无论你从事何种职业、任何年龄，哪怕你是这个社会中最普通的一员，你也可以有你独特的气质与修养。"所以说，气质对每一个女人都是公平的，每一个女人都能够得到气质精灵的宠爱，每一个女人都有机会展现自己独特的魅力。

女人的气质犹如花之魂、水之韵、松之魄，无影无形，很难用语言形容。气质是一种智慧，一点点地雕琢着一个女人，塑造着一个女人，一个不经意的动作，就能吸引所有人的目光。气质是一种个性，蕴藏在差异之中，只有不断创新，才能拥有与众不同的韵味，成为一个让人一见难忘的人。气质是一种修养，在城市流动的喧嚣中，洗练一种超凡脱俗的"宁"与"静"。气质绝对是上天恩赐的财富，有气质的女人是那样的幸福。

有气质的女人像一本书，每一次品读都给人新的感悟。也许并没有引人注目的封面，却依然能令人爱不释手。

有气质的女人如一幅画，令驻足欣赏者不知不觉忘却了时间的流逝，只深深沉醉于她的万千气韵中。

有气质的女人是一段香，"零落成泥碾作尘，只有香如故"。枯萎老去的是容颜，气质女人的一缕香魂却永不凋零。

其实，气质的获得并不困难，在日常生活中，你可以读最灵秀的诗，听最美好的音乐，选最精美的杂志，看最优秀的著作；关注一些关于时尚、服饰、配饰方面的信息；平时言谈举止要多注意，避免粗俗化；走路时尽量做到抬头挺胸收腹，而多穿高跟鞋有助于这一点；有意识地主动与那些气质好的人交谈，以她们为镜，向她们学习。

在工作中，始终保持一种开阔的胸怀，这不仅是生存的需要，更是人生快乐的源泉；女性不仅要让"女人是弱者"的说法改变，还要将女性气质中的恬静、温和、性感等充分发挥出来，处处闪现出女人的迷人气质；女性要拥有一颗宽容和接纳的心，让自己的内在魅力去同应该竞争的对象打拼，而不是同其他女性打嘴战；个性张扬、自主性强，这是现代女性成功所必备的心理素质，也是现代的另一番风韵，是一个气质女性所应追求和塑造的形象。

女性的内在气质，透出一种由外到内的魅力。作为女性来说，一种传统文化熏陶出的美会更有特点，使气质更加温柔、内敛一点。美女的标准是从内在美开始，具有美好的心灵、高尚的道德、健康的身体、亲切的爱心等，热爱自己的事业、家庭、朋友等，这样才会有美丽的内心世界。

如果你天生丽质，请让高雅的气质升华你的美丽；如果你长得不漂亮，也大可不必耿耿于怀，你可以从内而外修炼你独特的气质。只要心底灿烂，就会由内而外散发出恒久迷人的魅力。

优雅是魅力女人的高境界

谁也无法抗拒岁月的印痕，青春和美貌不会永驻，优雅却会成为无与伦比的恒久魅力。

优雅，是一种高文化修养的表现，是女人魅力的终极体现。

优雅是一种味道，由内而外散发着迷人的芳香。言语中尽是撩人的思绪，举手投足间散发着成熟女人曼妙的气息。优雅不是先天的，它是悬浮于物质表面一种气度的展示。自信的女人常常带给人一种知性的美,这是后天的塑就,更是优雅的源泉。

优雅是一种内在气质,优雅是一种风度,也是一个人独特的风格。优雅也许带有遗传基因的因素,但更重要的是来自后天的修炼,靠阅读和培养,靠不断地领悟和思考,但更由生活的态度所决定。优雅是装不出来的,举手投足、微笑也许不会出卖你,但是言谈行为和思想能决定你是否被别人认可你属于优雅一类。

优雅是一种感觉,这感觉更多地来源于丰富的内心,智慧、博爱,还有理性与感性的完美结合。

一个容貌美丽的女人未必优雅,而优雅的女人一定"美丽",因为她的知识和智慧让你信任,她的细腻与关爱让你依赖。而这智慧、细腻、关爱,你会从她充满迷人女人韵味的举手投足、一颦一笑间体味。

优雅,仿佛是盛开在女人身上的花朵,芳香四溢;优雅,更像雕塑家手中的刻刀,从内心到外表雕琢着女人;优雅是一种恒久的时尚,它不因岁月的流逝而消失,也不因时空的转变而淡漠。

优雅的女人是这样动人,是这般无惧风吹雨打,永远自信从容地面对命运的摆布。

优雅的女人似水,可以水滴石穿,用智慧获得爱与尊严。外在的美随风易逝,肤浅而不耐人寻味,而优雅的女人用丰富的内心世界和对生活的智慧,让自己永远风姿绰约。

优雅的女人像竹,亭亭玉立,高贵脱俗,即使是身着布衣,你也会从简单朴素的外表下捕捉到这种不凡的感觉。优雅的女人有着充实的内涵和丰富的文化底蕴,达到了魅力的最高境界。

优雅的女人像一杯茶,品尝过后,令人回味无穷;优雅的女人像一口井,魅力总藏在最深处,给世人留下无穷的想象空间;优雅的女人是一幅画,让人欣赏,并为之流连忘返;优雅的女人是一本书，令人百读不厌，难以释卷。

香奈儿女士就是一位优雅女性的代表，由她亲手设计的香奈儿系列香水和香奈儿服装具有开创性的历史意义，香奈儿品牌典雅、简约的美感几十年来征服了全球数亿女性的心。香奈儿浅黄色的头发温柔地盘在脑后，仪态万方、优雅绝伦，也同样成为数亿妇女学习的典范。在对待工作上，她一丝不苟，甚至达到了严厉、苛刻的地步。这样的优雅，让人觉得可爱也可敬，她让女人们的身体和心灵同时从沉睡中和桎梏中醒来，懂得了自尊与自爱，更懂得了工作着的幸福与独立的价值。

没有哪个女人不想成为优雅的女人，而许多人又常苦于找不到优雅的秘诀，或抱怨缺乏应有的条件而信心不足。优雅，真那么难吗？其实，做优雅女人并不难，不需要很高的条件，秘诀是从细节做起。

首先，让你的神态表情自然而丰富。不要故作冷漠，或是表情木然。尽量多地微笑，可以给人留下深刻的印象，也会令人对你产生好感。

在着装方面应采取精简原则。多重穿衣会令原本苗条利落的身姿徒增许多累赘感，而且领端袖口杂色纷呈会降低形象的品质。不妨为自己添置一至两款价高但线条明朗、风格简洁的棉芯衬衫、羊绒衣，来维持形象的清朗。

最重要的是适度保持自我。过于迁就、盲从大流、无主见的性格会遭至反感或让人忽略，感觉不到你的存在。不要强迫自己扮演淑女，更不要走极端，以为异类便能鹤立鸡群。你的谈吐也应当风趣幽默，适度地开些轻松、无伤大雅的玩笑，不仅可以调节气氛，减轻工作中的压力，还可以增加自己的人际亲和力。如果你天生不具备幽默细胞，多翻翻书尤其是幽默漫画，看看电视等，有意无意地储备这些知识，诙谐的灵感便会适时地在头脑里显现了。

生活中，的确是有这样一种女人：她们并无沉鱼落雁之容，也无闭月羞花之貌，尤其是韶华已逝、青春不在，但是她们一举手一投足所流露出来的那种优雅的气质，是令人深深感动的。那种经过岁月的洗礼、沉淀，丝丝缕缕散发出来的高贵典雅，犹如微风中摇曳的兰花，又如同幽谷里静静绽放的百合，令人感动之余，不由得心生敬意。

其实，优雅并非高高在上，它体现在我们日常生活的每一个细节中。优雅可能是繁忙的桌上的一杯玫瑰花茶，可能是旅途中略带倦意的一次回望，也可能是疾走中掠过唇边的一缕发丝，还可能是运动场上挥拍跃起的一次猛力抽杀……

优雅是女人追求的高境界，谁也无法抗拒岁月的印痕，青春和美貌不会永驻，优雅却会成为无与伦比的恒久魅力。

我们尽可以说优雅无处不在，因为优雅在每个人眼中有不同的美丽。一个女人，在暖暖的午后领着自己的孩子散步，这是母爱所赋予的优雅；与心爱的男人一起甜蜜地旅行，这是爱情所赋予的优雅；在暮色初临的黄昏搀扶着年迈的父母欣赏夕阳，这是亲情所赋予的优雅。

一个优雅女人，除了善良的本性，对时尚的领悟、匀称的身材、得体的服饰搭配和淡雅清新的妆容，都是必备的。她懂得如何表现自己，成熟、优秀、文雅、娴静，各种气质与品位都可以在举手投足间得到最好的体现。她可以没有惊艳的容貌，但可以有清新淡雅的妆容；可以没有模特的形体，却可以有匀称的身材；甚至可以没有优越家境的熏陶，却可以与世无争、不争名逐利、闲适恬淡。她有一定的鉴赏生活的能力，从穿衣、饮食到起居都有独到的眼光，懂得品味生活，懂得把平淡如水的生活调剂得富于生趣。不管何时何地，懂得以宽容的心去包容，去获得独到的快乐源泉。她更是自立、自强的……只有成就这些，才能成就优雅。不管作为个体还是群体，她的潜力都是不可估量的，她的独立自主将会产生一种巨大的爆破力，她将和男性站在同样的竞争平台上。她的优雅，是一种知识的积淀，不管是直接还是间接的，都是一种必需的积累；优雅不是一种形式上的东西，它需要在生活中学习，需要以丰富的人生经历来成就。

优雅有着终身学习的特性，它是台阶式的，学一点、修一点，修一点也就提升一点，优雅是够一个女人学一生、坚持一生的，它也会让你受益一生。

优雅之美之所以迷人，正是因为她不含一丝"暴"味与"燥"气。她像狂风中的垂柳，那摇曳的姿态比从山崖上落下的瀑布更飘逸潇洒；她像夜空中的皓月，不管片片流云对她流露出何等的轻蔑，她依然毫不在意地挥洒着自己如诗如幻的清辉；她犹如一片明净的湖泊，沉静中亦不乏动感，柔媚中亦不失高傲，神秘中不带半点颓废，冷峻中暗藏着风情……

正如一位美学家所说："优雅是一种由积淀而形成的生命气质与气韵，是与美非常接近的概念，是属于姿态与动作的观念，是心灵的优美在生活的注释和延伸。正是在这姿态与动作的自在、完美、雅致之中，才淋漓尽致展现着优雅的全部魅力！"

品位，时间打不败的美丽

女人的品位是一个女人内涵的外在表现。一个人的品位，是与其生长环境、经历、修养、知识分不开的。只有有意识地培养良好的修养，积累丰富的知识，才能有充实的内心世界，才能表现出高尚的思想和高雅的品位。有品位的女人是善良、机智的，又是成熟、自尊的；而且她知识广博丰富，思想深刻充实，谈吐文雅大方，衣着雅致得体。有品位的女人乐观向上，而不颓废放纵，待人真诚而不虚伪；举止从容而不轻浮；性情平和而不浮躁；自尊自信，但不狂妄自大；温柔体贴，但不软弱屈从。有品位的女人会营造一个平静的生活环境，她拥有高雅的爱好和情趣，会用自己的眼睛发现身边的美，并用心去感受它。她有丰富多彩的内心世界，不会让无聊、平庸的事情来破坏自己平静的生活，在繁华浮躁的现实中，能让自己的心归于平淡。当然她也有喜怒哀乐、七情六欲，但是她的表达是自然的、适度的。

有品位的女人有独立的思想和人格，绝不会人云亦云、随波逐流。在喧嚣的人群中，她可能会用沉默来表示她不俗的内心。

有品位的女人，就是有内涵、有魅力的女人，就是有女人味的女人。

"品位女人"是绵绵流畅的散文诗。她不低下，不媚雅，只求独自芳香的格调。Decencics（体面、适当）是她们的哲学信条。她们不会在脚趾上涂抹猩红色；不会穿着T恤衫去大剧院听歌剧；不会戴着粗劣的镀金项链招摇过市；不会去大排档吃完饭，打着饱嗝用牙签剔牙；不会在迷情的葡萄酒杯前失态；不会在眼花缭乱、令人眩晕的激光灯下放浪形骸……

她们痛恨粗俗，而把气质奉为精神风骨。她们在形神之中给人制造第六感觉，这种感觉如一瓶名贵香水，无形中发散出芳香……

她们时时都有适合风情的浓度。当她成为恋人时，她多情妩媚；当她成为妻子时，她温柔细腻；当她成为母亲时，她宽宏博大，能成为一把伞、一棵树；当她容颜渐老时，虽然风韵犹存，但毕竟经历了太多的人生沧桑，风情变得醇厚、浓重。

她们不求性感，但求格调；不追逐高档服饰，永远不会成为物质的奴隶；她们在拥有与失去之间平衡自己，懂得享受人生，也会创造自己的财富。

她们不尖刻，内心柔软但又自信。她们没有怨恨，没有悲哀，更没有寂寞。爱，让她们充盈而有力量，让她们双眸含情更含笑。她们明白自己的力量、魅力和快乐所在。她们优雅的情怀与宽容的气度浑然一体，互相辉映……

每个女人都渴望成为一个有品位的人，因为真正的品位，会使终日蒙尘的生活闪闪发亮。

执着于品位的女人是热爱生活的人，追寻有品位生活的女人，绝对是优雅与别致的女人。

品位的培养其实并不复杂，每一个注重细节打造的女人，都有机会成为品位女人。

一瓶花、一杯茶、一首歌……都可以在无形中烘托出一个品位女人。

插花是品位女人的必修课。把大自然的绿色和鲜花带回家，通过自己动手和布置，可以调剂生活、陶冶情操。在安静的房间里，让自己平静，看着摊开一桌的香艳花草，赏心悦目，为平凡的都市生活增加典雅的意味。

音乐是品位女人应具备的艺术素养。在假日悠闲的午后,沏一壶绿茶,闭上眼睛,走入音乐的世界。想象自己正漫步在斜阳下的山坡上,沐浴着清香的微风;或是静坐在斜阳西照的花园里,回想往事……经典音乐使女人如醍醐灌顶,一切烦躁都变得云淡风轻。

茶道让品位女人心灵更安静。好茶一壶,能让女人的心更加宁静,散发柔美内涵和女人独有的味道。在纯净之余,还会领悟到其他的一些东西。闲暇之余,泡一壶好茶,约二三知己,一盏香茗,促膝清谈,只谈风月,无关名利,享受这滚滚红尘里片刻的柔软时光。

读书让品位女人更充实。腹有诗书的女人,香气扑面而来,令人迷醉。经典的书籍能让你洞察世事的通透。你的文字使你与众不同,在你的身上呈现出一种高雅,一种"可远观而不可亵玩"的清冽。

厨艺让品位女人更幸福。系上漂亮围裙,绾起缕缕长发,走进清淡雅致的厨房,切丝削片,快炒慢炖之间打点出曼妙美味,或是煲一个好汤,与心爱的人一起分享,又何尝不是女人的另一种韵味呢?为了爱,倾尽手艺,烧一桌好菜,更能使女人赢尽爱人的心。

装扮让品位女人更美丽。可可·香奈儿说:"永远要以最得体的打扮出门,因为,也许就在你转弯的墙角,你会遇到今生至爱的人。"这可以理解为女人装扮的最高境界:不能放过每个细节,一秒钟都不能懈怠。装扮是女人的第二语言,哪怕不交谈,它也一目了然地告诉别人,你的职业、品位、个人气质和文化层次。所以,即使是周末的午后,在阳台的躺椅上小憩,也要穿上最雅致的便服。

旅行让品位女人更悠闲。对于女人来说，旅行是漫无目的地行走，直到遇到好风景、好人情，再也迈不开步伐。女人的旅行没有计划，没有日程。走到哪里都是欣喜。在日复一日的工作里，快要发霉，放下手头不管多重要的文件，走出去，享受艳阳天，晾晒自己发霉的、潮湿的心情。在山野的风里自在地呼吸，你会发现世界的美丽。

人们常说，做人要有气质，做事要有风格。作为一个女人，也要有自己的特色。纯真的气质洋溢着女性深邃的内涵，高雅的风采闪烁着赏心悦目的亮光，这就是"女人的品位"。

女人的品位是真挚的博爱和慈善的宽容。女人的品位是浓郁的书香和美的诗韵。有品位的女人大都有广泛的兴趣爱好、深厚的人文素养、渊博的知识积淀。她们像一部百科全书，有探索不尽的无穷宝藏，却无丝毫酸腐的陋习俗气。她们举手投足之间都挥洒出艺术的才能、淑女的风范。

女人的品位是恬静的心灵和清淡的情怀。有品位的女人不在乎人生的功利，更注重幸福的内涵。她们是贤妻良母，她们让自己时时保持一份平和的心情，随遇而安，不强求身外之物，不愤世嫉俗，面对物质的诱惑、世俗的刺激，待之安然。她们在人生崎岖的旅途中，学会自我安慰，自我松绑，自我释放，自我陶冶。她们时而徐然缓行，时而静立池边，时而低头漫想，时而凝神远望，让内心回归自我，让心灵更趋完美。

女人的品位是画，女人的品位是诗，女人的品位是乐曲。一个女人有了高尚的人格，她的品位必然高雅清新，焕发青春活力，生活必定多姿多彩，充满阳光。

女人的品位，是时间打不败的美丽。

内涵是女人魅力之本

女人可以不美丽，但不能没有内涵，唯有内涵能赋予美丽以灵魂，唯有内涵能使美丽长驻，唯有内涵能使美丽得到质的升华。

女人和男人一样，是个大写的"人"。为了做大写的人，女人在实现自我、展示自我。女人有女人的世界，女人有女人的生活，女人有女人的精彩，女人有女人的内涵。

女人是聪明美丽的，女人是温柔善良的。女人是一道美丽的风景，如花、如诗，装点着所栖身的每一个角落。女人自古就与花结下了不解之缘，女人是永不凋零的花，不同的年龄有着不同的风韵。

女人如迎春花，天真烂漫，情窦初开；女人如玫瑰花，艳丽照人，光芒四射；女人如牡丹花，雍容华贵，国色天香；女人如芙蓉花，美丽端庄，妩媚可人；女人如蜡梅花，一生奉献，铸造温馨；女人如雪莲花，慈祥可亲，德高望重……

正是因为有了如花的女人，才有了缤纷多姿的色彩；正是有了如诗的女人，才有了丰富多彩的幻想。

女人的靓丽与自信，给社会带来了勃勃生机；女人的内涵和修养，使社会有了丰富的色彩。女人高贵的品质，给了男人生活的信心和勇气；女人的美丽与浪漫，给了男人力量的源泉。女人美好的心灵，可以洗涤男人灰暗的心；女人的善良和多情，激励男人创造出不灭的魅力。女人的温柔和可爱，令男人为之动心；女人渊博的知识和修养，令男人为之激赏。

女人如花，花如女人。如花的女人需要的是内涵，上天赐予女人美丽的容貌，优美的体态，但决定女人是善良、平和、公道、浪漫、温柔，还是丑恶、自私、毒辣、无知的，应该是文化思想和内涵品质。从女童到少女，从青葱小稚到沉敛浅笑，她必须懂得自己。真正的女人像一团火，可以燃烧；像一团冰，可以融化。深谷幽兰般的气质，匹配花般的容颜。

美丽的女人是一种风景，令人赏心悦目。但美貌毕竟是外在的东西，花容月貌的女子倘若言语粗鄙，倘若举止粗俗，倘若尖酸刻薄，倘若狭隘无知，便只会令其光鲜的外表顿时黯然失色，再美的外表没有深厚的内涵做依托，也只是"金玉其外，败絮其中"，令人遗憾。

与之相反的是，一个拥有无穷内在魅力的女人，善良、温柔、优雅、大方……纵使外表平凡如常人，却总会令人刮目相看。这个女人也会因之变得可爱，变得生动。在他人的眼中，有内涵的女人美得更脱俗、更恒久。

与外表美相比，内在美更深刻、更真实。内涵是女人的魅力之本，保有真诚善良的心，比孜孜不倦追求外表艳丽动人更有价值。

外表美的女人除了容貌光彩照人，再就没什么了。当她们的秀色随着内容的陈旧而黯淡憔悴下去之后，就会让人渐渐感到单调和厌倦。

而有内涵的女人，如一本有着朴素而高贵文字的书，和表面的那种视觉之美有着本质的区别。只要细细地阅读，就会感到她的优秀和可爱。不论岁月怎样流逝，不论纸张怎样古旧，都不会削弱她内在的魅力，它们来自她的生命内部，源源不断、绵绵不绝。

她聪明博学。才女的冰雪聪明、玲珑剔透令人折服，她知识广博，有说不完的丰富话题，天文地理、科技人文，信手拈来，绝不会令你感到琐碎无聊。

她修饰得当，有独到的品位。她或许没有绝佳的姿色，可看上去赏心悦目。她不追求潮流，却能独运匠心穿出个人品位。她能传达出内心的成熟与丰富，像一杯醇厚的葡萄酒，令人微醺。

她言语风趣，收放自如。她很懂得语言的艺术，从不会在观点不一致时将自己的意见强加于人。她会轻松地化解无聊的玩笑，既不会板起面孔制造尴尬，亦不会不声不响照单全收，她会以委婉的方式暗示对方"此种话题不受欢迎"。

她热爱生活。她应有极强的"保鲜"能力，岁月与生活的琐碎无法在她的心灵烙下痕迹，她善于发现生活中的美与辉煌，借以冲破无边无际的黑暗，重获新生。

她善待自己。在任何时候她都不会伤害自己，情场失意、事业受阻只会带给她短暂的失意低落，她不会因此类原因堕落或放纵。她爱惜自己，知道良好的健康状况对现代人的重要，她常积极地参与运动以保持自己良好的身材，她不会吝惜花在保养自己容貌及身体上的金钱与时间。

她很有思想。拥有丰富知识和敏锐洞察力的她常有新鲜的、与众不同的想法与观点，她不会随声附和、人云亦云，即使是面对顶头上司，她也能礼貌而坚定地陈述自己的不同意见。

她健康、亮丽、神采飞扬；她成熟、自信、秀外慧中；她款款而来，举手投足之间，无不散发出一种只可意会不可言传的韵味。

她就像一杯清香的茉莉花茶，令人意味深远，回味无穷。

她充满智慧，眼光精明，绝不是小女子见识，她的悟性缘于对生活、艺术的理解，她的气质缘于人格深层的自然流露，她稳重、智慧，周旋于人与人之间，应付自如。她是春天的柳枝，外表温柔，内心坚强；她是海天中的沙鸥，一飞冲天。她执着于自我风格的体现，无论是工作、生活都自信、自尊，追求完美。她爱自己，更爱他人。她是春天的雨水，润物细无声；她是秋天的和风,轻拂你的脸庞。她以女性的特有情怀,放开胸襟去拥抱整个世界。有内涵的女子是天上的彩霞,一抹微笑、一个眼神、一句睿智的话,都值得你回味、心醉。

女人可以不美丽,但不能没有内涵,唯有内涵能赋予美丽以灵魂,唯有内涵能使美丽长驻,唯有内涵能使美丽得到质的升华。

充实你的内涵,似乎是一句华而不实的话。因为内涵本身就没有一个固定的标准,它只是个人的某种素质,属于个人身上的一种很内在的东西。

但内涵有时又很具体,小到面试时的镇定自若、不卑不亢,大到外交谈判上的谈笑风生、据理力争,内涵又似乎处于我们生活中的每一方面,在每一件小事上都能体现出来。

那么,又该如何才能提高你的内涵呢?

要想充实内涵,有一些比较简单的方法,比如运动、读书等等。一般而言,运动比较能够锻炼一个人坚忍的品质与专一的意志。经常运动也易使人心胸开阔、性情开朗,如果是团体性的运动,则更加容易培养人的团队合作精神。而读书则是充实内涵的最普遍,也是最简单的方式。在工作繁忙之余,让自己进入知识的世界,与前贤今圣交谈,你学的不仅是知识,更重要的是一些做人的基本道理与准则。

其实,只要培养起一门业余爱好,无论是跳芭蕾,还是唱卡拉OK,或是其他的什么,只要是那些有益身心的事,都可能在潜移默化中对你的内涵养成产生影响。

记住,内涵的养成不是一朝一夕的事,而是一种潜移默化的作用。行动起来吧,让你的业余生活更丰富,试着抓住其中每一点滴的启迪,让自己更多地感悟人生、感受生活,做一个内外双修、人生精彩的女人。

第二章　好性格为魅力加分

独立：精品女人的必备要素

独立是精品女人的必备要素，几乎所有的女人都认可这一观点：人格独立才算精品女人。

在事业上有主见，不受他人摆布；在生活上有自己的圈子，不会因脱离男人而孤独。独立是一种很高的境界，它需要高素质的心态和全新的价值观。

女人的独立既包括物质上的独立，又包括精神上的独立。这种独立不是世俗意义上那种所谓"女强人"的不可一世的特立独行，而是拥有自己的生活空间、内心感受和表达方式。

有工作的女人在物质上有独立感，这种感觉能使她们的精神独立有相对坚实的地基。但不少女人在经济上仍依赖男人，而不少男人也以此自傲，把女人视为自己的私有财产，甚至轻视女人。尽管没有社会工作，但持家也是一种职业、一种奉献。如果男人在外面打拼有工资，那女人持家也应有报酬。以往人们总把家庭的生活费视为对女人的报酬，这是不对的。生活费只是一种家庭必需的成本，它没有在经济上体现持家女人的价值。关心和尊重女人不是一句空话，男人应主动量化女人持家的价值，并愉快地付给这笔象征着对女人价值尊重的工资。千万不要小看这个程序，这是女人走向物质独立的关键。女人有这种独立感才会有尊严，男人在有尊严的女人面前才会对其重视。女人如果缺少这种独立感,那么男人对这种女人就不会有长久好感,甚至会背叛。所以,女人首先一定要在物质上、经济上保持独立,那样才会有持久的魅力。

相对于物质独立来说,女人的精神独立更为重要。女人的精神生活是无比神秘和无比丰富的,女人精神的独立是对自己的确认。当女人的精神世界被别人支配时,这个女人就会十分悲哀。女人可以在自己的精神世界里建立起一个美好的王国,当她自豪地感觉到自己就是这个王国的女王时,就会在现实生活中找到自信。女人的精神独立还体现在她的思想是受自己支配的,而不会为别人盲目修改自己的行为。有个女人爱上了一个她感觉极好的男人,由于感觉太好,她想让其他女朋友分享她的感觉,于是她去征求她们的意见。朋友都认为:这么好的男人一定会有很多女人追,将来很难说他能挡得住诱惑。分析的结论是这种男人没有安全感,不值得交往。于是她和这个男人分手了,但又长期陷于痛苦之中。后来听说她认识的另一个女孩和他结婚了,她却十分生气。

女人精神的动摇是一种不独立的表现。还有很多女人都像得了"预支恐惧症",一接触男人就想将来可不可靠。越想越不对,明明现在有很好的感觉,一下就恐惧了。其实生命的意义就在此时此刻的分分秒秒,如果你对一个人的感觉好,就应该跟他去共同营造更好的感觉,哪一天不好了,再与他分手也不迟。有些女人总认为恋爱就必须结婚,假如中途分手就觉得丢人,几次分手后更是坐立不安,怕别人议论,这是一种不成熟的想法。分不分手是你个人的区区小事,完全不必在意别人的反应。女人,一定要学会在精神上独立。精神独立的女人才能真正地坚强和自信起来,即使面对变幻无常的社会,她们也不会丢掉自己的微笑。

说到底,女人独立自主的意识,最终决定了女人的独立性。

独立的女人虽然没有小鸟依人的可爱,楚楚动人、惹人怜爱的泪眸,但是她风风火火的行事作风,敢作敢为的勇气,同样也有让人眼前一亮的风采。

独立的女人虽然没有温室花朵娇艳的外表,但是她是一株站立在山间临风摇曳的野菊花,在风雨霜露之中,总是披着它墨绿色的外衣,顶着淡紫色的花朵,并且拥有美丽的心情,迎着凉爽的秋风唱着属于自己的情歌。

这样的女人拥有广阔的心胸、高瞻远瞩的目光。她们也许没有临渊羡鱼而后叫男人下水的本领,但是她们懂得"退而结网"的道理,她们懂得用自己的双手规划自己的未来。她们懂得"靠山山倒,靠水水枯"的道理,她们学会用自己手中的笔,在蓝图上描绘自己将要创造的山水。

独立的女人更具自主和自尊,也更具有魅力。因此,如果想成为有持久魅力的女人,一定要树立独立自主的意识,并采取相应的行动。

人没有脊梁将无法直立行走,女人不想做藤的话,就独立吧——因为它最美。

自信:女人魅力一生的资本

有内涵的人自然有一种气质,这种气质就来源于自信。

自信的女人,总是精神焕发、昂首挺胸、神采奕奕、信心十足地投入到生活和工作当中去。

自信的女人不惧怕失败，她们用积极的心态面对现实生活中的不幸和挫折，她们用微笑面对扑面而来的冷嘲热讽，她们用实际行动维护自己的尊严。这一切都淋漓尽致地表现出自信者的气质，一种坦诚、坚定而执着的向上精神。

自信的女人，不会整天张狂霸气，高呼女权至上。超越男人的方法，不是把他们的霸权还给他们，而是活得跟他们一样舒展、自信；也不是整天向男人发出战书，和谐、平等和互助的两性关系，才是社会进步的动力。

美貌可使女人骄傲一时，自信却可使女人魅力一生。

或许你没有超群的外貌，但是你不能没有自信。自信使人产生魅力，自信使人变得美丽。

一个有魅力的女人，无论她走到哪里，都会成为人们注目的焦点、羡慕或嫉妒的对象。有些女人认为魅力是天生的，与己无缘，因为自己长得不漂亮，不苗条，又没有高档的服饰包装，一辈子也别奢望拥有它。其实，每个女性都有属于自己的那一份魅力，只是因为你太自卑，太缺乏自信，以致使你的优点、长处、潜在之美得不到挖掘和展示罢了。

也许你确实相貌平平，甚至有点丑、有缺陷，其实世间又有多少女人称得上"天生丽质"呢？常言道："金无足赤，人无完人。"容貌、体态、妆容、服饰，并非女性魅力的全部，也并非女性魅力的决定因素。气质、智慧、才华、技能等内在之美，也许更能使女人具有永久的魅力。能写一手好字、说一口流利的英语、电脑操作技术娴熟等等，由之而产生的巨大魅力，也常常会倾倒众人。

即使你的容貌远远达不到所谓的"佳人"，才华也远远达不到所谓的"才女"，只要你努力做到自信、自爱、自强，也仍然可以寻求到那一份属于你的魅力。赵传的一曲《我很丑,可是我很温柔》,唱出了多少人的心声。因为温柔、细腻、大方、善良、宽容,以及待人彬彬有礼、通情达理,以真诚和友善对待周围的人,用爱心和热心帮助不幸的人,以坚强迎接生活中经受磨难的人,为人落落大方,适时地自然微笑的女人,都具有无穷的魅力,且给人的印象更深刻、更美好。

值得一提的是,充满自信的女人,如能于闲暇之际积极投身于体育锻炼,练出一副洋溢着青春活力的健美体魄,会更具有女性魅力。

即使你是一个非常平凡的女人,只要你对生活充满信心,在人生的舞台上,定能焕发出你那一份女性的魅力光彩。

人生有很多需要自信的时候,在那些时刻,不同的选择就代表了不同的未来。对女人来说,更要勇于面对,因为这个社会属于女人的机会并不多。自信心往往可以产生想象不到的力量,就像一种看不见的力场。当一个女人拥有了自信,她就会发出不同一般的光彩。

那么,女人要如何才能培养自信心呢?

1. 挑前面的位子坐

在教学或各种聚会以及会议中,后排的座位总是先被坐满。为什么呢?因为大部分占据后排座的人都希望自己不会"太显眼",而他们怕受人注目的原因就是缺乏信心。

坐在前面能建立信心。不妨把它当作一个规则试试看,从现在开始就尽量往前坐。当然,坐前面会比较显眼,但要记住:有关成功的一切都是显眼的。

2. 练习正视别人

眼睛是心灵的窗户,一个人的眼神可以透露出许多有关她的信息。要想让你的眼睛为你工作，你就要用你的眼神正视别人，这不但能给你信心，而且能为你赢得别人的信任。

3. 把你走路的速度加快25%

身体的动作是心灵活动的结果。一般情况下，懒散的姿势、缓慢的步伐代表着一个人工作、情绪上的不愉快。心理学家认为：借着改变走路的姿势和速度，可以改变心理状态。那些表现出超凡信心的人，走路的速度比一般人都会快一些。她们的步伐当中传达出一种信息：我很忙，我很自信，我很快就会成功。因此，试着让自己的步伐加快一点，你就会感到自信心在增长。

4. 练习当众发言

语言能力是提高自信心的强化剂。一个人如果能把自己的想法或愿望清晰明白地表达出来，那么她内心一定具有明确的目标和坚定的信心。同时她充满信心的话语也会感染对方，吸引对方的注意力。

5. 开怀大笑

笑是医治信心不足的良药。笑能给人增添信心，能去除内心的惶恐，还能激发你战胜困难的勇气。真正的笑不但能治愈自己的不良情绪，还能化解别人的敌对情绪。如果你真诚地向一个人展露微笑，那他就不会再对你生气了。笑就要笑得开，要开怀大笑才能有功效。所以，女人要学会控制，运用你笑的魅力。

6. 怯场时，不妨说出实情

当你怯场时，不妨把内心的变化毫不隐瞒地用言语表达出来。这样一来，不但可将内心的紧张驱除殆尽，而且能使心情得到意外的平静，这就是坦白的效果。

7. 使用肯定的语气

不同的语言可将同一件事实形容成有如天壤之别的结果，而且也给人以不同的心理感受。肯定的语气能让人心情愉快，而否定的语气则会让人产生自卑感，损害一个人的心理健康。语气、措辞是无法比拟的魔术师。在任何情况之下，只要经常使用肯定的措辞或叙述法，就可以将同一个事实完全改观，使人驱除自卑感，从而享受愉快的生活。

8. 自信培养自信

一个人如果缺乏自信时一直做些没有自信的举动，就会越来越没有自信。

所以缺乏自信时更应该做些充满自信的举动。缺乏自信时，与其对自己说没有自信，不如告诉自己是很有自信的。为了克服消极、否定的态度，我们应该试着采取积极、肯定的态度。如果自认为不行，身边的事也抛下不管，情况就会渐渐变得如自己所想的一样。自信会培养自信。一次小成就会为我们带来自信；如果一下就想做伟大、不平凡的事而不能顺利实现，就会越来越没有自信。

9. 做自己能做的事

做自己做得到的事时，个性就会显现出来。心智发育成熟的人，会向往自己能够做到的事，不成熟的人往往会不断采取以自我为中心的态度，从而迷失了此时此地自己应该做的事，最终一事无成。所以，与其极欲恢复自我的形象，不如找出现在可以做的事。知道应该做的事，然后加以施行，一步一步地达到目标，这样会使人产生信心，从而带给人实现最终目标的动力。

总之，要试着记下马上可以做的事，然后加以实践，没有必要非是伟大、不平凡的行动，只要是自己力所能及的事就足够了。

坚强：女人拥抱挫折的后盾

也许有时候，我们无奈于生命的长度，但是坚强能够让我们选择生命的宽度与厚度。在这个世界上，我们会遇到赏罚不公，我们会遇到就业压力，我们会遇到竞争，我们会遇到病魔，我们会遇到……

但是，女人可以运用自己手中坚强的画笔，为自己在逆境中描绘一片属于自己的蓝天，为自己绘出红花绿草、清风习习。

是的，人生不可能一帆风顺，所以自从你有自我意识的那一刻起，你就要有一个明确的认识，那就是人的一辈子必定有风有浪，绝对不可能日日是好日、年年是好年。当你遇到挫折时，不要觉得惊讶和沮丧，反而应该视为当然，然后冷静地看待它、解决它。

很多女人遭逢生命的变故时，总会不停地抱怨："为什么是我？""为什么我就这么倒霉？"……即使哭哑了嗓子，事情也不会无缘无故地好转，所以要坚强地面对。碰到令人伤心的事情发生时，你第一个念头要告诉自己："它来了！这是必经的进程，只有自己能帮助自己，所以我要勇敢面对，现在就想办法处理！"不断用心灵的力量来为自己打气，然后要比平时更精神百倍，才能让自己走过生命的黑暗期，迎向灿烂的明天。遇到困难时，越是坚强的女人，越有一股让人尊敬与心疼的魅力。唯有自己表现得更坚强，别人才能帮助你。

如果你被击倒了，只想一辈子这么赖着、等着、靠着，那么别人也只能选择让你自生自灭，是你断了自己重生的后路。

坚强是一种品质。

要像钻石一般的硬,才经得起困难的打磨;要像流水一样的柔,才能抵挡世俗的侵扰。世上有千千万万的女人,也有千千万万种幸福。但是没有坚强的支撑,这样的幸福是不会长久的。

坚强也是一把双刃剑,多则盈,少则亏。

少了坚强做伴的女人,或是唯唯诺诺,没有自我;或是哀哀怨怨,陷在一件可小可大的事里,挣扎在一段感情里不能自拔。

只有坚强的女人,为了坚强而追求着坚强,从不停下脚步。坚强于她只是一种习惯,她的幸福是人人能看到的幸福。

多也罢,少也罢,总而言之,女人要活出自我,活得幸福,坚强是第一要素。因为它就是一把开山的斧,一片远航的帆。

坚强的个性是一种傲人的勇气,生活中的女人只有拥有了这种勇气,才能不断地开拓通往成功的道路。

坚强的个性又是一条做人的准则,因为有了这条准则,女人才会珍惜自己的生命,能够在炼狱之中始终保持必胜的信心。

坚强是困境之中挂在女人脸上的一抹浅浅的微笑。

坚强是失败后一个重整旗鼓的眼神。

坚强是困顿之后的一份淡定与从容。

女人用坚强守护心灵的沃土,懦弱才不会乘虚而入;女人用坚强交上生命的答卷,灵魂才会在美好的港湾停泊、歇息。

幽默感:魅力女人的最好表现

善于创造幽默的女人,不仅可以让自己如鱼得水、左右逢源,更能笑对人生、豁达处世。幽默的女人是智慧的,因为幽默必须具备一定的文化底蕴,没有文化的人是学不会幽默的。但文化虽高,没有灵气也是不行,所以,但凡幽默的女人总是兼具才气与灵气。

幽默的女人是自信的,因为幽默有时是一种自嘲。一个姿色平庸的女子若是能将自己的外表当作玩笑,那么,可以肯定她并不以此为卑,而且,她的身上肯定还有更多让她引以为傲之处。

幽默的女人是乐观的,因为幽默的机智反应并非只是能言善辩,它也是一种快乐、成熟的达观态度。当她身处困境之时,并不会因此沉沦丧志,而总能开朗豁达、从容不迫。幽默的女人是真实的,欲求幽默,必先有淡然的心境,不为浮名,不忸怩作态,不博庸人之欢心,举止言谈之间尽显超脱淡然的率真性情。幽默的女人是可爱的,她总是能适时地在一汪清水之中激起点点涟漪,为平日里琐碎的生活增添几分韵味与情趣。一个幽默的女人,肯定是一个热爱生活的女人,有着淡淡的从容和优雅,会用带笑的心去体会生活、感受生活,去化解生活路上的一切问题。幽默是人的思想、常识、智慧和灵感的结晶,幽默风趣的语言风格是人的内在气质在语言运用中的外化,在公关交际中有很重要的作用。第一,幽默能激起听众的愉悦感,使人轻松、愉快、爽心、舒情。这样可活跃气氛,沟通双方感情,在笑声中拉近双方的心理距离。第二,幽默的一个显著特点是寓庄于谐,通过可笑的形式表现真理、智慧,于无足轻重之中显现出深刻的意义,在笑声中给人以启迪,产生意味深长的美感趣味。第三,幽默风趣还可使矛盾双方从尴尬的困境中解脱出来,打破僵局,使剑拔弩张的紧张气氛得以缓和平息。第四,幽默风趣还有利于塑造交际中的自我形象,因为幽默的风度是良好性格特征的外露。不懂幽默的女人,就像绿叶中缺少红花一样没有情致。所以,要想成为具有高尚精神品位的魅力女人,就要注意培养自己的幽默感,掌握幽默语言的艺术,努力使它成为自己的知识和本领。

(1)注意丰富自己的幽默资料。看得多了,听得多了,占有的幽默资料多了,运用幽默语言的能力自然会得到提高。

(2)注意从别人的幽默语言中体会幽默的要领。仅仅是从抽象的概念中学习幽默的要领,往往是不深刻的,只有结合大量的幽默语言实例进行深入体验,才能深刻理解幽默的要领,使自己对幽默语言运用自如。

(3)注意从别人的大量幽默语言实例中启发思路。运用幽默语言,要有独特的思维方式,要有如何借题发挥、创造幽默语境的思路,而且要求反应敏捷、思路明快,这些从幽默语言实例中都能体验出来。

(4)注意从别人的幽默语言实例中学习幽默语言方式。幽默语言是表达思想的一种特别的语言方式,这也需要从大量的幽默语言实例中去学习、体会和掌握。

(5)多找机会应用。实践出真知,幽默语言的修养也是这样。从书上学来的幽默语言知识,只有经过自己在实践中练习和运用,才能变成自己的东西。而且,在实践中练习和运用幽默语言,也能加深对幽默的理解,丰富幽默知识,这本身也是一种学习,是书本学习的继续和深化。通过多练习、多运用,才能有效提高使用幽默语言的水平。

(6)幽默只是手段,并不是目的。不能为幽默而幽默,一定要根据具体的语境,选用恰当的幽默话语。另外,人的才能不一样,有的会幽默,有的不会幽默,不会幽默的,则不必强求,若故作幽默,反而会弄巧成拙。

第三篇
做智慧的女人

第一章 智慧是女人最可靠的资本

读书的女人永远美丽

不用教，女人天生懂得爱美，热衷打扮，尤其现在铺天盖地的女人用品、各种美容整形手术，令女人可以从头到脚对自己逐一武装。

其实女人不知道，有一秘方可使女人获得永远的美丽，这味药不是水剂不是糖丸，而是我们随处可见的书籍。

没错，书籍是人类的精神财富，书籍更是女人的最佳美容品。读书带给女人思考；读书带给女人智慧；读书会使女人空荡荡的漂亮大眼睛里变得层次丰富、色彩缤纷；读书教会女人在笑的时候笑，在忧伤的时候忧伤；读书还使女人明白自身的价值、家庭的含义，明白女人真正的美丽在哪里。

喜欢读书的女人内心是一幅内涵丰富的画，文字可以书写性情、陶冶情操。喜欢读书的女人常常是有修养、有素质的女人。一个女人最吸引人的地方就在于因她丰富的内心世界从而表露出来的优雅气质。岁月的流逝可以带走姣好的容颜，却无法带走女人越来越美丽和优雅的心灵。书籍，是女人永不过时的生命保鲜剂。

世界有十分美丽，但如果没有女人，将失掉七分色彩；女人有十分美丽，但如果远离书籍，将失掉七分内蕴。读书的女人是美丽的。书一本一本被女人读下肚的时候，书中的内容便化成了营养滋润着女人，由此女人的面貌开始焕发出迷人的光彩，那光彩优雅而绝不显山露水，那光彩经得起时间的冲刷，经得起岁月的腐蚀，更加经得起人们一次次地细读。正因为如此，你将不再畏惧年龄，不会因为几丝小小的皱纹而苦恼。因为你已经拥有了一颗属于自己的智慧心灵，有自己丰富的情感体验，你生活中的点点滴滴将会书香四溢。

在社会生活中，女性的生存空间比男性的狭小，所以女性更需要博览群书，以放眼世界。而且在广泛阅读的同时，还要善于思考，不盲从也不偏执，这样才能培养一颗丰富和广博的心灵。

另外，读书时不要把范围局限在某一类。男人能看的书，女人都应该看，文学、军事、政治、传记、历史等等。

因为，书是改变一个人最有效的力量之一。书是使人类从蛮荒到启蒙的捷径，书还是女人修炼魅力之路上最值得信赖的伙伴。

做一个爱读书的女人吧，读书的女人才能永远美丽。

做一个快乐的知识女性

知识女性处于女性生活的最上层，她们所享受的生活机遇比一般女性更容易、更充分，如受教育的机遇、婚姻机遇、就业机遇、晋升机遇、获取高薪的机遇等，因此，很多人都认为知识女性应该是最快乐的女性。事实上，知识女性的生活现实并非人人如此。究其原因，主要有两点：

（1）知识女性大多是职业女性或事业女性，即使是最好的职位与最成功的事业也免不了给人带来烦恼和困惑，因为处于这个位置的女性，责任更重，挑战性更强。现代社会，科学技术日新月异、思想观念不断解放和发展，这些无疑为知识女性提供了体现自身价值的更为广阔的天地，但在知识女性的职业生涯中，有许多无形的障碍：因为你是女性，应聘时可能败于一个素质、能力比你差的男性，因为你是女性，你的工作能力和业绩可能屡受怀疑。女性常常顶着压力加倍努力，付出比别人更多的时间和精力。对于知识女性，职业与事业的压力是挑战也是一种社会病，社会病正是快乐的敌人。

（2）知识女性由于具备较高的知识水平，而被人们以为应该追求高尚的事业并取得成功，但是，也不能因此而剥夺她们作为一个普通女性应该享受到的快乐。日常生活中，人人都有心理上、情绪上的低潮和波动，这不仅与个人性格、生理周期、内分泌状态等自身因素有关，而且非常容易受工作压力、事业坎坷、爱情挫折和家庭不和等外界因素的影响，因此，在现代社会里，知识女性有压力的社会病更是屡见不鲜。有人说，做女人难。其实，做一个快乐的知识女性更难。

那么，怎样才能成为一个快乐的知识女性呢？

首先，要转换角色观念和行为模式，营造良好的心境是知识女性的必修课。心理学家有一个形象的说法："心境是被拉长了的情绪。"它使人的其他一切体验和活动都留下明显的烙印。"人逢喜事精神爽"，良好的心境使人有一种"万事如意"的感觉，遇事也能冷静对待，使问题迎刃而解；消极的心境则使人消沉、厌烦，甚至思维迟钝。知识女性因为有知识，最能成为快乐心境的主人。而要培养和掌握自己的心境，保持快乐，必须谨记16字箴言："振奋精神，自得其乐，广泛爱好，乐于交往。"如果你感到不快乐，那么你要找到快乐的方法，那就是振奋精神；常为自己所有而高兴，不为自己所无而忧虑，就是自得其乐的最好方法；培养多种业余爱好，以陶冶情操、增加乐趣；广泛交友更是保持快乐心境必不可少的环节。

其次，只有健康女性才会拥有持久的快乐人生。关于健康女性，目前还没有一个统一和明确的标准。如按心理学分析，可从心理统计、心理症状和内心体验三方面去认识；按社会学解释，则可以把解决生活中所面临的实际问题的能力作为标准。但是，凡是能正确理解自己的社会角色、正确理解自己所处的社会环境，有能力解决自己所面临的问题、有一定目标并为之努力的知识女性，就一定是健康女性。

目前，知识女性遇上了前所未有的发展机遇。面临新的发展机遇，知识女性的责任更重，压力更大，健康内涵也更丰富。

健康男性需要自己创造，健康女性更需要自己创造。有知识的女性不一定是健康的女性，也不一定有快乐的人生。健康女性应该成为知识女性的质量标准，快乐人生应该成为知识女性追求的人生目标。有了标准，有了目标，只要努力，一定成功。

第二章 做好一生的规划

确立人生的起跑点

不少人青年时代就功成名就,不能不说与他的人生起跑点选择的准确有关。

人生的全流程,虽是一个连续不断的时空整体的客观存在,但它明显地划分为几个阶段。把人生流程中生理年龄、人的成熟和发展过程以及主要内容的更替综合起来看,分为四个大阶段较为科学,每个大阶段内又分几个小段。

自降生至 18 岁,我们称之为人生流程的补建期。如果说任何人对自己所获得的遗传因素、母体条件都无法选择,那么我们就可以降生为界。降生以前主要是获得先天的生理预应力,出生后社会环境便开始施加影响以造就其社会适应力,以使他提高对社会的适应能力。

第二个阶段是成熟期,即 18～25 岁,是充满理想、浪漫色彩和激情的青年期。这个时期,努力总结在补建期所得到的一切知识和社会经验、实践体会,中心任务是使自己初步成熟起来。这一时期有两个明显标志:一是初步形成世界观,即获得社会观、人生价值观,认识方法协调统一化,形成对客观世界的整体性认识;二是基本选定了一生所从事的事业的目标。在这个阶段上,人生的中心任务就是要全力促进成熟,早成熟早立志,就可以早进入创造期,早出成果,为社会多做贡献。

第三个阶段是创造期,即 25～55 岁这个年龄段。这是人生全程中的黄金时代,无论从事什么工作的人,这个阶段都是进行创造性工作的最佳时期。不仅因为这个年龄段的人年富力强,而且因为他们积累了丰富的经验,历经了磨炼,使他们有稳定的情绪和持久的耐力。

第四个阶段是总结期,即 55 岁以后。这个时期,因年龄增长所发生的心理变化,以及体力精力的减退,迫使人不得不离开第一线,做一些总结切身经验的工作。

如果把人生比作运动场上的竞赛,那么,补建期就好像运动员竞赛前的预备活动期,而成熟期就是运动员在选择自己的起跑点,创造期就是正式竞赛中的角逐。不同点在于,运动上的竞赛是练兵千日于瞬间决一雌雄,而人生的竞争则是集千万个瞬间的科学灵感和运动场上的冲刺比高低。要说哪一个容易哪一个难,不好分辨。但有一点可以肯定:人生漫长的征途上更需要持久的耐力。

人生起跑点的选择,对于一生有重要作用。如果一开始起跑点就选得准确,总比几经周折年近迟暮还在徘徊之中要好得多。

有的人说"选择目标,实际上是自己设计自己的过程","自己设计自己,首先要考虑社会的需要,时代的需要,还要考虑自己的所长和爱好"。持这种主张的人认为,选择人生目标就是自己设计自己。我并不完全同意这种主张,因为选择人生目标仅仅是人生设计的一项内容,而不是人生设计的全部内容,人生设计除目标设定外,还包括阶段规划、环境分析、反馈和核心内容的研究等。而目标的选择,仅是确定人生起跑点的前提之一。

该如何确定自己的人生起跑点呢?用我们的话来说,就是在对自身条件优劣和环境利弊的自觉认识的基础上,根据扬长避短的原则,按照社会需要所指示的方向,在环境的最大容许度上确立自己的人生起跑点较为妥当。

身处顺境,依自己对于宏观和微观的自觉认识的水平,对自己的长处短处的自觉认识,确立一生所从事的事业(范围或更具体到特定项目)的目标,这就是人生起跑点。

身处逆境,同样也应依照对环境和自身的自觉认识水平,确立一生所从事的事业的目标,不过有两种情况:一种是在微观环境容许度以内确立,叫作安全性人生起跑点;另一种是在微观环境容许度之外,依自己对宏观需要的自觉认识确立所从事的目标,叫作风险性人生目标。

上述关于人生起跑点的思想在确立过程中所涉及的因素和判断过程是一致的,不同仅在于担风险还是找安全。

所以,要从一开始就选准起跑点。

拥有自己的计划

谁没有用以检查其行为标准的计划,那他的行为就会为眼前的影响所支配;他认为今天所寻求到的自信说不定明天就又会失去。有了计划,就意味着有了保障。一位著名的外交官曾说过:"日常事情一件一件地向我们涌来。如果我们没有一个可以将之加以检查的计划,那么我们就会遇到许多困难。"

他所陈述的这种道理在外交、政治以及我们每个人的工作和生活中统统适用。应该按照自己的标准去检查每天发生在我们身边的事情,谁若不懂得这一点,谁就将陷入不稳定的旋涡之中。

他自己的个人意愿将难以实现，所定目标也将停滞不前。

所以，影响我们生活的有两件事情。其一就是日常之事，这是我们社会不断强加给我们的对立；其二就是拥有一份计划，我们按照这份计划来评判日常之事对我们自己是否有利，我们是否有能力处理好这些事情。

谁拥有一份长期计划，谁就会凭借它创造有利的前提，正确看待眼前的一切诱惑。在此，还应进一步说明一下，拥有一份检视我们行为的计划到底有哪些好处：拥有一份计划并贯彻它，意味着可以事先知道应该怎样度过这繁忙的一天。拥有一份长期计划，就如同建立了一个安全网，当我们在日常生活中遇到困难时，它会及时地给予我们保障，就如空中飞人表演遇险而由安全网接住一样。也意味着，可以及时界定我们的能力和可能性的范围，以期更接近我们所期望的目标。这样，我们就不会受外界影响和诱惑。谁没计划，谁就会陷入危险之中。

有了计划，就意味着有了保障。由此而得出的最重要的结论是：我不再相信，当自己碰到问题时，总能想出解决问题的办法或者总会有贵人相助；或者认为"还没这么糟糕"或者"到目前为止，一切都挺好"，而是为解决问题做好充分准备。不靠碰运气，不只顾眼前，不依赖别人，而是自己为此担负起责任。拥有一份计划就意味着：今天就考虑好明天和后天会出现什么样的情况及应对策略。就像一个优秀的战略家，在真正采取行动之前，先练习沙盘作业，直至他认为已能圆满完成任务为止。或者像一名消防队员，平时坚持不懈地练习，以使自己在紧急情况下能应付自如。一旦真的发生紧急情况，他早已做好了充分准备。他很清楚自己应做什么，并投入全部精力尽量做好，而不是惊慌失措，急于为自己的失败找替罪羊或为自己寻找托词。

这就是有计划的优点之一。另一个优点是，知道自己想做什么。在这种情况下，我可能这样做，而另一种情况下也许会采取完全相反的做法。不管怎样，我每次只做有利于更接近我所设定的目标的事情。

在这儿，我就不一一列举其他优点了，为的是您能自己勾画自己的生活，而不是让别人牵着鼻子走。所有该说的，我想，我都已经说过了。现在就看您的了。读到这儿，如果您只说一句："是的，是的，这样活着，就不错了！"这是远远不够的。之后，您会很快就翻过这一页，而不是尝试着去实际做点什么。您也许会说："听起来都很美，但是——"还会成百上千次地说"如果"和"但是"，您应该知道，说这些都没用，坐着说，不如起来行动。如果您已确定了一个目标，制订了一份最适合您的计划并下定决心：从今天开始，没有任何事情可以阻止我去执行我的计划，那么您就已经向成功又迈进了一大步了。如果您制订了这项计划，您就将它写在一张纸上，放在书桌上。这样您就可以每天早上和晚上都能看到它了。早上您会说："我要这样去做。"晚上，您会问："我是这样做的吗？"趁早拥有一份计划并贯彻它。

对自己进行"盘点"

一个人想获得持续的进步，必须对自己的人生不断进行盘点。对自己提出下列问题并诚实作答，切勿故意说假话来满足自己的虚荣心，因为提这些问题的目的，在于使你发现哪些地方应进行改善，而不是要给什么奖赏。

（1）你制定了明确的目标了吗？制订执行计划了吗？每天花

多少时间在执行计划上？主动执行或是想到了才执行？

（2）你的明确的目标是一种强烈欲望吗？多久振奋一次这个欲望？

（3）为了达到目标你做了什么付出？正在付出吗？何时开始付出？

（4）你采取了什么步骤来组织智囊团？你多久和成员接触一次？你每个月、每周、每天和多少成员谈话？

（5）你有接受一些小挫折作为促使自己做更大努力之挑战的习惯吗？你从逆境中找出等值利益的种子的速度有多快？

（6）你是把时间花在执行计划上还是老想着你所碰到的阻碍？没有人是一夜之间就成功的。想要获得成功是需要花时间的。当然，您可在下周利用一周的时间，每天晚上都回顾一下自己的生活。之后，确定新的目标，并制订出实现目标的方案。或者您现在就开始，寻找每次失败的原因。从自己的认识出发，制订出具体方案，以使自己在以后的日子里不会重蹈覆辙。

（7）你经常为了将更多的时间用来执行计划而牺牲娱乐吗？或者经常为了娱乐而牺牲工作？

（8）你能把握每一分钟时间吗？

（9）你把你的生活看成是你过去运用时间的方式的结果吗？你满意你目前的生活吗？你希望以其他方式支配时间吗？你把逝去的每一秒钟都看成是生活更加进步的机会吗？

（10）你一直都葆有积极心态吗？是大部分时候都保持积极心态或有的时候积极？你现在的心态积极吗？你能使自己的心态立刻积极起来吗？积极之后呢？

（11）当你以具体行动表现了积极心态时，经常会展现你的个人进取心吗？

（12）你相信你会因为幸运或意外收获而成功吗？什么时候会出现这幸运或意外收获呢？你相信你的成功是努力付出所换得的结果吗？你何时付出努力？

（13）你曾经受到他人进取心的激励吗？你经常受到他人的影响吗？你经常真正地以他人作为榜样吗？

（14）你何时表现出多付出一点点的举动？每天都为付出或只有在他人注意时才会表现多付出？你在表现多付出一点点的举动时心态正确吗？

（15）你的个性吸引人吗？你会每天早晨照镜子，并且改善你的微笑和脸部表情吗？或者你只是单纯地洗脸刷牙而已？

（16）你如何应用你的信心？你何时奉行得自无穷智慧的激励力量？你经常忽视这些力量吗？

（17）你培养自己的自律能力吗？你的失控情绪经常使你失去做一些会令你很快就感到遗憾的事情吗？

（18）你能控制恐惧感吗？你经常表现出恐惧吗？你何时以你的信心取代恐惧？

（19）你经常以他人的意见作为事实吗？每当你听到他人的意见时你会抱着怀疑的态度吗？你经常以正确的思考来解决你所面对的问题吗？

（20）你经常以表现合作的方式来争取他人的合作吗？如你在家里，在办公室，在你的智囊团中？

（21）你给自己发挥想象力的机会吗？你何时运用创造力来解决问题？你有什么需要靠创造力才能解决的问题吗？

（22）你会为放松自己运动并且注意你的健康吗？你计划明年才开始吗？为什么不现在开始？

这份检讨问题单的目的，在于促使你对自己做番思考。你对于各项事情的运用方式充分反映出你将成功原则化为你生活一部分的程度。如果你对上述问题的回答不能令你满意时,请不要气馁。曾经有好几百万人买过我的书,而且我也对成千上万人举行过演讲。虽然这些人当中有许多人都获得成功,但是没有人是一夜之间就成功的。想要获得成功是需要花时间的。

通过个人盘点,对你的不足进行改善。

不断翻新人生计划

执着的追求是应该嘉许和称道的。但如明知道不行,却仍一条巷子走到黑,或明知客观条件造成的障碍无法逾越,还要硬钻牛角尖,这就不可取了。

为目标下定义,不断修正,相信它会实现——成果就这样出现了。

目标、志向的调整,实际上是一种动态调整,是随机转移的。若发现你原来确定的目标与自己的条件及外在因素不适合,那就得改弦易辙,另择他径。

这种动态调整有以下的基本形式:

一是主攻方向的调节。若原定目标与自己的性格、才能、兴趣明显相悖,这样,目标实现的概率趋向为零。这就需要适时对目标做横向调整,并及时捕捉新的信息,确定新的、更易成功的主攻目标。

扬长避短是确定目标、选择职业的重要方法。在科学、艺术史上,大量人才成败的经历证明,有的人在某一方面具有良好的天赋和能力,但他不可能有多方面的强项;有的人在研究、治学上是一把好手，而一到管理、经营的岗位，他就一筹莫展，能力平平，甚至很差。

二是在原定目标基础上的调节。这是主攻方向不变，只是变革层次的调整。若是原目标定得过高了，只有很小的实现可能，必须调低，再继续积累，增强攻关的后劲。若原目标已实现，则要马不停蹄地制定新的更高层次的目标。若原目标定得太低，轻易就已跃过，则要权衡自己的能力、水平，将目标向上升级。

实现目标自然需要长期的努力。在为人生目标奋斗时，不能幻想一劳永逸，而要务实笃行、稳扎稳打、奋力前行。同时，也要看到，每取得一点成功，都是向总目标靠近一步。取得了全局性的成功，也不是目标的终止，而恰恰是向更高一级目标攀登的开始。

三是在获得信息反馈之中调节。即在原定目标中受挫而幡然醒悟，调整通道，重新把目标定在自己拿手的领域。美国科学家迈克尔逊，青年时曾入海军学校，但他学习成绩很差，特别是军事课，长期不及格。学校多次批评教育，仍然不起作用，最后学校不得不把他开除。但是，他对物理实验却非常感兴趣，被开除后，他投入对物理的学习和研究中，很快显示出才华。他长期孜孜不倦，苦苦钻研，不断攀登了一个又一个高峰，终于做出被荣称为"迈克尔逊光学实验"的伟大创举，为相对论奠定了实验基础，成为美国第一个获得诺贝尔奖的人。

四是从预测未来中进行调节。社会的需要和个人的兴趣、才能、性格等都经常会发生变化。要善于打一个"提前量"，进行预测。如才能的发展与年龄大小关系极大。任何才能都有其萌发期、发展期和衰退期，这样顺势而为，做出设想、规划，显然对目标定向是大有益处的。

五是对具体阶段目标视情况进行调节。大的目标要终生矢志追求，而小的阶段目标则可以进行适当的调节。科研人员在研究方向的选择上，有时为了能快出成果，改变思路而取得成功的结果，在科学史上不乏先例。

那么目标在什么情况下需要适时调整呢？一般来说如下几种情况必须调整人生目标：

第一，环境发生重大变化的时候，任何人的人生目标都是特定时代特定环境的产物，而各种环境中主要是社会环境对人生目标具有决定作用。社会环境、自然环境的变化，会影响人生目标的变化，特别是重大的环境变化，常造成人生目标的重大改变。

所谓环境的重大变化时刻，是指两个方面发生的重大变化：一是国内外经济、政治、思想文化领域的大动荡；二是人们的家庭的经济、政治、亲属关系等发生重大变化。这两个方面发生的重大变化，对人生目标都将发生影响。我们的原则是，无论环境发生什么变化，具体的目标（某个阶段的目标或某个方面的目标）可以变通，随时做好调节，但总目标应该矢志不渝。

第二，在人才竞争的胜败转折的时刻。奋斗中的成与败，常常形成人生道路的转折点，这已为无数事实所证明。

第三，人生总流程中，前后两个阶段相更替的时刻。这种时刻，称为人生转折时刻。这种转折，或发生在人的生理发生转折时（发育和疾病造成的），或发生在人的社会地位发生突变的时候，或发生在人的社会智能结构发生质变前后，总之，是人自身某种或某些条件发生重要变化的时刻。这个时刻，也是容易引起人生目标发生改变的时刻。我们应努力防止在人生转折时刻发生人生目标的不良转变，防止因社会地位升高或降低而腐化或丧志，因疾病而颓丧，或因智能提高而骄傲，应使人生目标始终保持正确的大方向，具体目标始终切实可行。

为目标下定义，不断修正，相信它会实现——成果就这样出现了。任何人都能完成他们所想的，你也一样。但第一步，你必须知道这伟大的成就是什么；下一步就是设计许多能令你保持高昂情绪的小目标，让它们逐步引导你迈向成功。

每天对工作进行选择，对优先顺序做了解，对你大有助益。确信自己的努力没有白费，而且要求事半功倍，谨慎而自觉地决定事情先后。但一般人从不这样做，他们只是任性而为，随波逐流。他们是基于恐惧、气愤和报复，而非为了活得更好而努力。他们不求提高效率，而周旋于私人党派或醉心于政治成功的梦想，最终理想也幻化为泡影。

了解自己的需要和如何得到自己所想的。明了这些事情的轻重缓急，你可以按部就班地计划自己的每一天。

所以，要适时调整自己的目标志向。

第三章 聪明女人会消费

购物时别受情绪驱使

在现在这个物质极大丰富的时代，很多女人在极端情绪下，会有意无意地以一种极端的方式——疯狂地花钱来平衡自己。于是，"月光族""负翁"成为某些都市职业女性的代名词，"花洒"女人也是这样诞生的。什么是"花洒"？就是花钱如洒水，花起钱来格外地潇洒、毫无顾忌。"花洒"女人往往控制不住自己的情绪，花钱的那一刻，她们有一种不顾一切的得意、一种"千金散尽还复来"的豪迈以及一种"我不在乎金钱"的放纵感，但是，在一阵肆意挥霍之后，才发现原来买的东西根本不适合自己或者根本不需要。

"花洒"女人有一个共同的特征：与她们的收入相比，洒金钱的行为让她们几乎没有余钱，甚至要举债度日。花钱本身对她们而言，不是为了满足实际的生活需求，而是为了满足自己购物的欲望或者平衡自己的情绪。

如果你忍不住要隔三岔五地在商场徜徉，如果你多次为自己买的衣服、首饰、化妆品而后悔，如果你发现自己经常对购买的衣物置之不理，不是压在箱底就是放在柜子里……那么，你基本上已经成为一个"花洒"女人了。

很多女人都有这样一种行为，一出门就有花钱的欲望。走出家门后很多女人会感到焦虑,于是就通过花各种冤枉钱来排解内心的烦躁。"花洒"们通常认为,这种行为能够使她们摆脱情绪的低潮,消除沮丧,很快地振作起来。

为什么女人在极端情绪下都爱疯狂购物呢?这与她们所承受的压力有关。现在的女性,不管是单身还是已婚,甚至是全职家庭主妇,都或多或少地承担着来自以下几方面的压力:

工作压力。

夫妻关系。

失恋。

人际关系冲突。

生育和职业的矛盾。

生理周期所带来的疲惫和不安。

于是,烦躁、愤怒的女人们会选择各种方式为自己解压,其中大多数女人都选择疯狂购物来排泄情绪,减轻压力。不少心理医生认为这是一种心理偏差,因为女人很少参与体育运动,也没有抽烟或喝酒等行为,心理补偿与发泄的渠道较窄,所以疯狂购物就成了她们平衡情绪、舒缓压力的最佳方式。有调查表明,在极端情绪下消费的女性高达 46.1%,这说明很多女人依靠疯狂购物来为自己减压。但是这并不是一种很有效的减压方式。虽然白领女性薪资的整体水平呈上升趋势,但是许多高薪者在投资、理财、储蓄、养老保险等方面的投入却大幅度下降甚至不投入,而在购物、休闲娱乐等方面的消费却呈上升趋势。如果疯狂购物的行为持续下去,她们就会陷入债务之中。这样不仅不会缓解她们的压力,甚至会加重她们的烦恼与精神负担。

面对多重压力,女人该如何正确而又理智地排解自己的极端情绪呢?那就需要她们在情绪不好的时候,尽量想一些不花钱或少花钱就能娱乐自己的事情去做。有一些女性就是通过这样的方式来抑制自己的购物欲望。比如,安妮特以前就靠购物来排解自己内心的烦躁。她对自己说:"这样做会让我心情愉快。"但是,这样做的后果是没多久她就有了很多债务,使她更加烦恼了。于是她就想出一些几乎不怎么花钱的事情去做。她开始学习绘画,她是一个很有天分的水彩画家。以后每当心情不好的时候,她就坐下来画画。画画给了她非常强烈的愉悦和满足,这比为自己买东西的当机立断更能使她平静下来。

也许你会说,几乎没有什么事情可以让我娱乐。那么,现在我们来做一个练习,让你找出能够平衡情绪的事情。请你拿出一张纸,想象那些过去让你开心的事情、童年时期自己喜欢做的事情或是任何可以令你放松的事情,比如:伴随着快节奏的音乐跳舞、玩猜字游戏、与自己的宠物玩耍、看时尚杂志、做一顿丰盛的晚餐与心爱的人一起享用、玩电脑游戏、在空旷无人的地方大喊……

只要是你喜欢的事情,你都可以做。不久你就会发现,把你的口袋里的钱花出去并不是宣泄情绪的唯一方式,也不是最好的方式。做自己喜欢的事情,不仅可以平衡自己的情绪,还可以从精神层次上满足自己,愉悦自己。容易烦躁、愤怒的你从现在开始与"花洒"女人告别,做一个不用花钱就能善待自己、娱乐自己的理智女人吧。

用目标约束无节制的消费

无节制消费的人,大多都没有真正的奋斗目标,没有使之甘愿付出一切的前进动力。由于没有目标，她们就缺乏自我约束，缺乏学习和提升自己的动力。在一定程度上可以说她们是没有未来的一族，这也是她们赚了钱就疯狂消费的原因。如果她们没有关于未来的美好憧憬和奋斗目标，消费的愿望很快就会占据这个位置。

或许道理每个人都懂，但是未必每个人都能做到。避免无节制消费的最有效手段就是树立目标并制订切实可行的计划，因为梦想和目标对约束消费欲望有着非同寻常的意义。但是，你树立的目标一定要非常远大，这个目标足以让你心动，让你心甘情愿地放弃消费的冲动。目标不是微不足道的目的，也不是更高的消费欲望或目光短浅的想法，目标是关于未来的美好憧憬，是有计划的梦想。

树立目标有两种可能性。第一种可能性就是把目光对准自己。举个简单的例子，譬如你需要确定五年后达到哪一步，如何达到这一步，取得什么样的成果。我们大多数人都是以自己今天的状况作为出发点来制定目标的，因此，她们在消费的时候，如果碰到一件自己喜爱的衣服，就会马上买回来。她们总是这样认为：实现五年之后的目标也不在这一刻，也不是依靠节省一件衣服的钱就能实现的。但是这样做的后果只能是你永远生活在和今天一样的状况下，永远不能提高自己，让自己过得更好。所以，不要把自己今天的状况作为衡量未来的尺度，而应该想着自己的未来是什么样的状况，然后为之努力。谁把自己今天的状况作为衡量未来的尺度，谁就是在纵容自己消费，谁就限制了自己的发展潜力。

第二种可能性就是梦想。在树立目标的时候，完全不必考虑我们是否有能力去实现，这是一种完全"非现实"的目标。也许很多人认为这是不可思议的,但是只要我们制定了目标,就会考虑如何才能实现自己的目标。这样我们就会成长,就会离开自己的舒适区,为了目标而努力。这时,每当看到要买的东西,我们就会想:以我这样的消费方式是不可能实现自己的目标的,为了尽快实现我的目标,我还是少花一点钱吧。

这两种可能性关键是要告诉我们:假如我们以个人现状作为出发点,我们就会放慢前进的脚步,甚至停滞不前;而假如我们以目标为出发点,我们就能主动约束自己,减少浪费。

不规划自己未来的女人更容易无节制地消费,到了将来,她就必须承受别人为她规划的生活,那时她就只能做一个被人牵着线的风筝。

很多人把占有物品的多寡放在最重要的位置上,他们通过无节制地消费,占有一些无用的东西来逃避生活,转移目标。为了能够约束无节制的消费,你必须思考下列几个问题:

你想要成为什么样的人?如果有人要在报纸上刊登一篇报道你的文章,这篇文章将是怎么样的呢?

你将来想要做什么?通常情况下,你的一天是怎样度过的?你怎样安排一年的工作?

你将来需要什么?你希望得到哪些东西,并愿意为之付出什么?你想要买一栋什么样的房屋、一辆什么样的汽车,在个人事业上取得什么样的成就?

刚开始,你也许写不出多少东西,因为你还不习惯这样做。但如果你经常做这样的练习,你就会养成一种习惯。这就是帮助你树立目标的过程。

请你从今天开始,下定决心经常为自己树立新的目标并制订行动计划。你需要在未来获得更多,要积极一点——但是绝对不要把这种积极用到消费中去。经过一段时间的努力,你就会发现,为了实现你的目标并为之克制消费欲望,放弃这样或那样不必要的东西,会让你很有成就感。看着自己离目标越来越近,你就会体会到,这远比在消费之后带给你的感觉更加美妙。

最后,你一定要记住,没有什么比无节制地消费更能阻止我们实现自己的目标了,因为无节制地消费以及由此产生的债务,只能把我们和过去捆绑在一起。目标对于我们自身的提高是如此重要,所以,如果你还没有自己的远景目标,那就马上开始行动吧!

第四篇
做自信的女人

第一章 爱上你自己

能听意见，也有主见

听不进别人意见的这种情况在很多女士身上都有，甚至包括那些和我年纪差不多大的女士。加州大学校长，著名的心理学博士卢卡多·哥伯曾经说："自信是一种好的心态，也是一种成熟的心态。只有自信的人才能最终取得成功。然而，如果盲目自信，不肯听取任何人的意见，那么这种心态则是相当不成熟。"后来，卢卡多博士在他的著作《做一个成熟的人》一书里，对这种不成熟的心理做了详细精辟的阐述。书中这样写道："一般情况下，两个群体的人容易产生这种不成熟的心理。其中，第一种是那些入世未深，但又年轻气盛的人。他们往往刚刚具备独立思维的能力，很希望能够得到别人的承认。他们将自己的意见看成是世界上最神圣的东西，不允许任何人侵犯它。因此，别人的意见对于他们来说无疑是最刺耳的东西。第二种则是那些有一定能力和社会阅历，但还没有真正成熟的人。这些人已经从年轻的幼稚中脱离出来，所以他们对自己各方面的想法非常自信。当面对年轻人的建议、同龄人的建议甚至比自己成功的人的建议的时候，他们往往会选择排斥，因为他们觉得自己已经具备很强的判断能力了，别人的想法并不会比自己的高明多少。"

不知道女士们如何认为，我个人觉得博士的话还是很有道理的。就拿我来说，那时的我之所以听不进我的辩论队友的意见，主要就是想让他们知道，只有我才是真正的辩论天才，也只有在我的领导下团队才能取得胜利。也就是说，整个辩论队的成功应该全靠我一个人，别人不过是我命令的执行者而已。至于说第二种类型，其实在现实生活中很常见。我们是不是经常看到这样的情形，在一个公司里，部门经理在给本部门的员工安排任务的时候往往采用一种强迫性的、命令性的、不可怀疑的语气，而各个部门在进行讨论的时候，那些经理们则喜欢各执一词，似乎谁也不能说服对方接受自己的意见。

听不进别人意见虽然只是一种不成熟的表现，但是会给女士们制造很多麻烦。

道理很简单，没有一个人可以保证自己在任何情况下都是正确的。不管是谁，他在思考问题时总是习惯性地陷入自己的思维模式。这样一来，势必就会把思维陷入到一条狭窄的单行道内，从而使问题得不到很好的解决。很多女士不同意我的说法，认为她们不会犯下如此愚蠢的错误，觉得我是在杞人忧天。事实上，当你们有了这种想法的时候，就已经犯下了不听别人意见的错误。

有些女士可能会说："既然你劝我们要听别人的意见，那好，我们就广泛地采纳别人的意见。只要是别人提出的建议，我们就一概接受。"芝加哥心理学教授斯科尔·德莱克曾经说过："世界上有两种人最不成熟：一种是听不进别人意见的人；另一种是盲目轻信别人的人。"

我曾经考虑过，如果非要我在"固执己见"和"毫无主见"中选择一个的话，那么我宁可选择前者。因为"固执己见"虽然可能让我偏离正确的方向，但我毕竟是去做了，而且是按照自己的意思去做了；相反，"没有主见"则可能让我错过解决问题的最佳时机。这是因为，如果一个人没有主见，那么他满脑子里装的都是别人的意见。他会觉得这个人说得有道理，那个人讲得也不错，采用哪个都可以，采用哪个又都不太合适。于是，这些人会犹豫不决，裹足不前，最后浪费掉一次次的机会，使得事情越来越糟。

不过，在最后我还是要和女士们强调一点，不论是固执己见也好，没有主见也罢，都是一种心智不成熟的体现。对于女士们来说，具有哪一种心态都是不正确的，因此女士们要做的就是看清形势、看清自己，使自己尽快地成熟起来。

如何做到能听意见，也有主见？

对自己充满信心，但不可盲目自信；

充分分析自己的情况和别人的意见；

对别人的意见进行理智地分析；

在相信自己的基础上信任别人。

学会喜欢自己

女士们，我不知道你们怎么看待喜欢自己？是不是依然把它当成一种没道理的、自私的做法？我必须提醒各位女士，学会喜欢你自己是有很大的好处的。

各位女士，在你们学会喜欢自己之前，首先要做到的就是不要害怕喜欢自己，因为喜欢自己完全是一种成熟的表现。女士们可以细心观察一下，凡是那些思想真正成熟的人，往往都能适度地忍耐自己，就像他们也能适度地忍耐别人。这些人知道，每个人身上都是有弱点的，自己也不例外，因此他们从不为一些小小的过错而感到痛苦。

事实上,在我之前就已经有很多人在研究喜欢自我的重要性了。哥伦比亚大学教育学院的亚斯·卡斯教授一直都坚信,不管是成人教育还是儿童教育,首先要做的就是让学生了解自己,然后再鼓励他们拥有健康正确的接受自我的态度。他曾经为全美的教师写过一本名为《教师,面对自我》的书,书中写道:"教师是一个充满了辛苦、满足、希望和心酸的职业。对于每一个教师来说,自我接受都是非常重要的。"

我对卡斯教授的观点是赞同的,因为我能够看到,这个社会充满了太多竞争,现在的人们总是会以个人物质上的成就来衡量一个人的价值。如今,人们热切地追求着名利,去做着枯燥的工作。所有人,当然也包括各位女士,都感到自己的灵魂找不到寄托。这时,人们很容易迷失自我,从而不能认同自我。

幸好,还有一些人发现了这一点,并且提出了很好的建议。哈佛大学心理学家卢伯·怀特先生曾经说:"作为一个现代人,必须学会调整自己,否则就难以适应环境带来的各种压力。"是的,的确是这样。女士们,难道你们没发现吗?我们周边有多少人能够真正地具有自己的个性,又有多少人能够真正地清楚自己的主张?一旦我们的行为与我们所接触的社交和经济圈子相违背,那么我们就会马上感到不安或是不快乐,接着就会产生一种失落感和迷惑感,最后就开始不喜欢我们自己。

女士们,你们要学会喜欢自己,首先要做的就是让自己有足够的耐心去面对自己的缺点。当然,我必须澄清,这种做法并不是让女士们放弃自己的原则,降低对自己的要求。而是希望女士们懂得这样一个道理——没有一个人是完美的。

什么叫完美?那就是一种残酷的自我主义。完美主义者总是向别人表示：让我做的和别人一样好，这是远远不够的，我必须超越别人。我们没有目的，也没有目标，更不想要什么成就，只是想证明自己能胜过别人。可事实呢？完美主义者也一样会犯错，就像普通人那样。不过，他们不能忍受这种状况，会开始恨自己，不喜欢自己。

事实上，如果你对自己太过挑剔，那么不喜欢你的不仅是自己，还有别人。道理很简单，连你都不喜欢自己，别人有什么理由喜欢你。

何必对自己如此地苛刻呢？为什么不能宽容自己的缺点呢？为什么不能喜欢你自己呢？我可以告诉女士们一个让你喜欢自己的最有效的方法，那就是独处。

芝加哥一家心理医院的一位医师说："人们总是习惯在晚上回想一天的活动，而且经常是在床上进行的。我非常喜欢这种方式，因为它是与自己相处的最好的方法。"实际上，独处对我们来说真的有很大的益处。安妮·林柏曾经说过："当我们与自己的内心进行沟通时，我们就可以和别人进行沟通。然而，只有当我独处时，我才能发现其中的真谛。"

女士们，我真心地希望从今天起，你们能够喜欢自己。试想一下，如果我们总是要依靠别人才能给自己赢得快乐感和满足感，那么这就无疑是给他人增加了一种负担，而这势必也就会影响到我们彼此之间的关系。成熟的个性是什么？那就是喜欢、欣赏和尊重我们自己，让我们拥有自己的个性。这不仅可以让你变得健康、快乐，也可以增强你与人相处的能力。

最后，我有一些方法送给女士们，相信你们一定会接受的。

发现自己的优点。

放弃完美主义。

不对自己过分挑剔。

不以别人的标准衡量自己。

给自己一点时间独处。

保持自我

很多女士都喜欢模仿别人，想让自己和别人一样。她们希望能够跟上潮流，或是让自己散发出明星般的魅力。然而，这种模仿似乎并没有给女士们带来成功或是快乐，相反会让她们感到焦虑、痛苦，而且这种焦虑、痛苦是和失败联系在一起的。

我承认，对成功和快乐的渴望是女士们模仿别人的出发点，但事实已经证明这是一种很不明智的做法。当任何一位因为模仿别人而苦恼的女士向我寻求帮助时，我总是会告诉她们相同的一句话："做你自己，那是最快乐的，也是最好的。"

女士们，你们必须牢记一点，保持自我是一项相当重要的事情。如果你做不到，那么你永远都不可能成为一个快乐的女性，因为你总是活在别人的影子里。

有人做过专门的研究，其实我们每个人都具备成为伟人的潜质。之所以没有成为伟人，是因为我们不过只用了 10% 的心智能力，而剩下那 90% 却一直不为我们知道。这其中最主要的原因就是人们不能保持自我，正确地认识自我，从而发挥自己的潜能。

女士们，你们是否还在为不能惟妙惟肖地模仿别人而感到痛苦呢？我真诚地奉劝你们，保持自我才是你快乐的最好方法，也是让你获得成功的最好选择。我非常有资格谈论这个话题，因为我也曾经很愚蠢地去模仿他人。我清楚，我为我的模仿付出了惨重的代价。如果我能早一点发现这些，说不定我会比现在做得更好。

当我刚刚从密苏里州出来时，首先选择了纽约这个城市，那里有我向往的学校——美国戏剧学院，因为我一直都渴望自己能够成为一名优秀的演员，当然我相信很多女士都和我有一样的想法。我当时很喜欢自作聪明，因为我想出了一个很简单、很容易成功的愚蠢办法，那就是好好研究一下当时的几个著名演员，然后把他们的优点集中在我一个人身上。这大概是我这辈子做出的第二愚蠢的事了，因为还有一件事更加愚蠢。我花费了很多年去模仿别人，最后我发现我什么都不是，因为我根本成为不了别人；相反，我能做得最好的只有我自己。

那次的经验真的很惨痛，我曾经下定决心以后再也不去模仿他人。可谁知，几年后，我居然又犯下了我这辈子做出的最愚蠢的错。当时我正计划写一本有关公众演说的书，于是我又冒出了那种想法。我找来了很多很多有关公众演说的书，因为我想吸取他们的精华，然后使我的书包罗万象。事实证明，我错了，这是一种不折不扣的傻瓜行径。我居然妄想把别人的想法写成自己的文章，这种东西没人会看。就这样，我一年的工作成绩全都变成了纸篓中的废纸。

女士们，请你们接受我的建议，然后真的开始改变自己。事实上，很多成功的女性都是因为保持了自我才取得骄人的成绩的。女士们一定对那位纽约市最红的、最炙手可热的女播音明星玛丽·马克布莱德非常崇拜。你们知道吗？当她第一次走上电台的时候，她也曾经试着模仿一位爱尔兰的播音明星，因为当时她很喜欢那位明星，而且很多人也非常喜欢那位明星。可是很遗憾，她的模仿失败了，因为她毕竟不是那位明星。

面对失败，玛丽·马克布莱德深深地反思了自己，最后她终于决定找回自己本来的面貌。她在话筒旁边告诉所有的听众，她，玛丽·马克布莱德，是一名来自密苏里州的乡村姑娘，愿意以她的淳朴、善良和真诚为大家送去快乐。结果怎样大家都看到了，她现在根本不需要去模仿别人，甚至还会有很多人去模仿她。

　　女士们，我希望你们永远记住，你，美丽的女士，是这个世界上唯一的、崭新的自我，你的确应该为此而高兴，因为没有人能够代替你。你应该把你的天赋利用起来，因为所有的艺术归根结底都是一种自我的体现。你所唱的歌、跳的舞、画的画等，一切都只能属于你自己。你的遗传基因、你的经验、你的环境等一切都造就了一个个性的你。不管怎样，女士们，你们都应该好好管理自己这座小花园，都应该为自己的生命演奏一首最好的乐曲。

第二章 工作让女人更自信

选择理想的职业

如果有一天你早晨醒来,发现自己一直辛辛苦苦地在自己讨厌的行业工作着,对这个行业一点兴趣都没有,赚到的钱也微乎其微,那么一定要仔细想想你这一生到底想要做什么,这对你会大有益处的。当然,在一个理想的世界,你一觉醒来就会知道自己想要做什么,但现实是对大多数人来说,引领他们走向理想职业的不是发自内心的召唤,而是一种选择。想开心地做你的工作吗?下面教你怎样做。

现实一点

30岁了还想成为电影明星?对不起,这是绝不可能的。然而16岁起就一直在音像商店工作,现在想成为一名作家或者奥斯卡奖得主?这尽管不常见,但有人这样成功过。更有可能的是:砖匠变成医生,商店女售货员变成老师,从一个一无所长的人变成一名企业家。这就是发现自己热爱的事业的第一步:要扬长避短,但又要对自己的优势、弱点和目标有着现实的理解。

想一想在生活中你热爱什么

这是找到理想职业的关键。如果你所热爱的碰巧是实实在在的东西，如电脑，那你就可以立刻做出决定了。如果不是实实在在的东西，那就发散一下思维。如果你喜欢在室外活动，那就可以考虑环境保护和园艺工作。热爱音乐吗？那就把自己培训成为一名广播制片人，或者在唱片商店学习管理。喜欢购物吗？那你就可以做时尚连锁店的采购员。热爱体育运动吗？那你就可以做一名体育老师或者个人教练员。

一步一步地朝着目标奋进

罗马不是一天建成的，你的事业也不会一天就成功了。如果想一蹴而就，那你不但会在失败的时候失去动力，而且还会从一个想法跳到另外一个想法。生活中许多事情要取得成功，就要制订一个简单而有策略的计划，每天做一点点。考虑一下训练、资金、学徒期和工作经验，然后再投入到实际的行动之中。

找一个职场导师

这个人是一个现在已经在从事你理想职业的人。如果能见到他们，那你可以向他们请教一些你关心的问题！如果见不到，找一找有关资料，看他们是怎样做到的，看看你能从他们的经验中学到什么。

你的个性属于哪一类

不知该怎样回答这个问题？根据心理学家的说法，智力总共有六种类型，尽管这六种智力因素中每一种我们都有，但我们确实会更倾向于某一种类型，这能帮助指引我们找到正确的方向：

内省型智力：这种人自信，有主动精神，适合自主创业。

语言型智力：这种人擅长语言交流，非常适合从事广告业、做记者、当老师。

视觉型智力：这是一种空间智力，这种人适合从事设计业、建设建筑业方面的工作。

人际型智力：这种人擅长团队工作，非常适合从政、当老师、做管理人员。

身体型智力：这种人身体敏捷，协调能力好，适合从事健身、建设、体育方面的工作。

数学型智力：这种人擅长逻辑推理，适合从事银行业、科学研究、电脑业方面的工作。

做最优秀的职员

我们或许已经不再生存在那个为权力而疯狂的时代了，但是，想从工作中得到更多仍然是无可厚非的。然而，要脱颖而出已经不像过去那么容易了。除了要超过所有的同事，以达到顶点之外，还要让上司注意到你的努力，下面教你怎样赢得上司的注意。

让每个人都知道你很有雄心壮志

大声清楚地说出自己的想法，否则，某个自命不凡的人就会走到你前面，毁掉你前进的机会。与大众观念相反的是，说自己很有野心，想要得到更多，是没有错的。事实上，掩藏自己的欲望，当提升机会来临的时候，你不但会是最后一个听到这个消息的人，而且还会落到队伍的最后。

积极地对待每件事

这不是要你做个拍马屁的人,而是要你在工作中积极主动。太消极被动会使你失去提升自己和在事业上取得进步的宝贵机会。所以要自愿参加一些新的项目,对老的项目提供有思想的见解,提出一些创意新颖的想法,积极地投入到公司的工作中。与此同时,考虑为公司做一些社会服务:组织一些活动,如聚会、为职工预订午餐,甚至是为公司办个时事通讯。

不要总是抱怨

说出自己的担心是好的,但是不要每次公司有新思想出台你就开始抱怨。也许你认为这是你实事求是,但是,上司会把你当成是办公室里制造麻烦的人。把你的批评以富于建设性的方式提出来,这样你就会被看成是一个暗自努力以解决问题的人,而不是一个爱管闲事、爱捣乱的人。

提高自己的姿态

你也许工作非常努力,是每个项目的中心人物。然而,如果不提醒公司里的关键人物你所做的一切,你的角色很快就会被忘记。与此同时,一定要让他们看到你的存在,要确保自己不漏掉工作中关键的社交活动,确保自己在开会的时候积极主动。你的目标应该是加强自己在办公室里的影响,但是不要认为你必须救公司于危难之中才能达到这一目标。在经理的眼中,对公司的贡献是一些最基本的工作,如:上班准时、随叫随到、按时完成任务、可靠、充满热情,当然还要平易近人。

扩散思维

如果你在一家非常优秀的公司上班,那你的竞争对手很可能是一些和你一样聪明能干的人。超过他们的诀窍就是要开阔思路。寻找一些稍稍偏离常规的方法,以产生影响。运用你所拥有的与别人不同的知识,提供一个寻找客户的新办法(如与他们的助理谈话),或者是一个兜售思想的新办法(看看那些大公司是怎样兜售他们的想法的),甚至是使公司更加团结一致的新思想。多阅读各类报纸能提高你的理解力,为工作带来许多新鲜血液,这样做的结果会让你感到非常惊讶。

享受家中工作的乐趣

哦,在家工作多么令人愉快啊!早上可以看会儿电视,随时可以喝点咖啡,早上再也不用被闹钟叫醒了,午饭可以慢慢地享用……乐趣简直无穷无尽。可悲的是,这不是现实。如果梦想在家工作,你需要一些计划和准备,要确保:(1)你能完成工作;(2)你确实喜欢在家工作。下面教你怎样做。

辟出一块独立的区域

你也许会想,你可以舒舒服服地靠在沙发上,身边摆着一台笔记本电脑。但现实是,你需要一个工作的区域。无论如何要有一把椅子,但是你还是需要辟出一块区域,这块区域会对你大叫"该工作了"。沙发啦,床呀,炊具呀,这些都不管用。一块独立的工作区域能使工作顺利进行,因为:(1)这立刻就将你带进工作状态;(2)这是你存放与工作相关的所有东西的地方;(3)这意味着在家工作不需要占去你生活的每个角落。

要有一套习惯的程序

要在家中成功地进行工作,你需要一套习惯的程序,从周一工作到周五。这就要求,每天早上都在同一个时间起床,穿好衣服(如果只穿睡衣,那就没法工作),关掉电视机,不要为家务分神。可悲的是,有一件事很少有人知道,那就是在家工作的人,其实他们的家非常干净,因为他们的工作原则是:我什么事都做,就是不工作。而你在工作时间里,除了工作,其他什么事也别做,剩下的事周末再处理。

避免干扰

干扰是在家工作最大的缺点,干扰的因素太多了,而且没有充足的工作动力。最大的干扰不是电视和报纸之类的东西,而是惹人烦的朋友,他们总是打电话要和你"聊天",因为他们工作得很无聊。不停地发邮件,去商店买点卫生纸、牛奶、办公用纸,见到人就和人家说话,从邮递员到街头的建筑工人,尽管这些事可能会使日子过得快一些,但是这样的事做得太频繁了,你就会发现,你的工作完成不了了。

每天至少要见别人一次

为了你的精神健康,每天至少要见一个人。如果不能与某个人见面聊一聊,那就参加一项健身运动,或者每天在同一个地方吃饭来练习社交技巧,以免你忘记了社交礼仪所必须知道的事,以免你失去与人交往的欲望。

在家工作的时间是不一样的

在家工作，你会惊奇地发现自己工作是多么富有成效。这是因为你不会在咖啡机旁边徘徊了，没有朋友和你讨论肥皂剧了，没有各种杂志让你去翻阅了。这就意味着，到下午 2 点的时候，你就可能会感到不安了，因为所有的工作都做完了。那么你可以出去活动活动，享受在家工作的好处，而不用有任何负罪感。

第三章 你是独一无二的

坚持做不盲从的人

　　缺乏自信心、盲从他人，往往给自己带来损失或伤害我们。要想在生活中、事业上有所成就，就必须摆脱盲从众人的不良习惯，善于用自己的眼睛看世界，用自己的头脑想问题，想人之所未想，见人之所难见，为人之所不能为，并坚信自己终究会达到目的，获得成功。

　　大自然中，有一种奇怪的虫子，叫列队毛毛虫。法国昆虫学家法布尔曾经仔细研究过这些毛毛虫。它们从卵里孵化出来之后，就成群集结在一起生活。在外出觅食时，通常是一只队长带头，其他的毛毛虫便用头顶着前一只伙伴的屁股，一只贴一只排成一列或两列前进，这队伍的最高纪录是600只。为预防自己不小心走岔路跟丢了，它们还一面爬一面吐丝。等到吃饱了，它们又排好队沿原路返回。

　　法布尔先把队长拿走，但后边的一只迅速补上，继续前行；把它们的丝路切断，虽然会暂时把它们分开，但后边的那队会到处闻，到处找，只要追上前边的队伍，马上就会合二为一。

　　法布尔所做的实验中，最有意思的是引诱毛毛虫走上一个花盆的边缘。毛毛虫一走上去就沿着边缘前进，一面走一面吐丝。令法布尔惊讶的是，这群毛毛虫当天在花盆边缘一直走到筋疲力尽才停下来，其间曾经稍做休息，但是没吃也没喝，连续走了10多个小时。

第二天，守纪律的毛毛虫队列丝毫不乱，依然在花盆边缘上转圈，没头没脑地跟着前边走。第三天，第四天……一直走了一个星期。所有的虫子几乎要累死、饿死了。第八天，有一只毛毛虫掉了下来，这一群虫子才重返家园。

虫子的盲从是多么的可笑、可悲！其实，放眼世界，人又何尝不是如此？起哄，跟风，随大流，亦步亦趋，凑热闹，是许多人做人做事的惯例。

"横看成岭侧成峰，远近高低各不同。"凡事绝难有统一定论，谁的"意见"都可以参考，但永不可代替自己的"主见"，不要被他人的论断束缚了自己前进的步伐。追随你的热情、你的心灵，它们将带你实现梦想。

遇事爱盲从、没有主见的人，就像墙头草，东风东倒，西风西倒，没有自己的原则和立场，不知道自己能干什么、会干什么，自然与成功无缘。

做本色的"我"

本真、自我是与生俱来的，一个人即使人生再幸运、事业再辉煌，如果为功名所累失去了自我，那他的一生就不能算一个成功的人生。独特性是人的生命力的个体标志。个性需要张扬，而不是泯灭。

有一位青年毕业于哈佛大学，他没有像他的大部分同学那样，去经商发财或走向政界成为明星，而是选择了宁静的瓦尔登湖。

他在那儿搭起小木屋,开荒种地,看书写作,过着原始而简朴的生活。他在世 44 年,没有女人爱他,没有出版商赏识他。生前在许多事情上很少取得成功。他写作、静思,直到得肺病在康科德死去。他就是著名的《瓦尔登湖》的作者梭罗。

梭罗博物馆做了份调查:你认为梭罗的一生很糟糕吗?共有 467432 人做了回答,其结果是:92.3%的人回答说"不";5.6%的人回答说"是";2.1%的人回答说"不清楚"。于是该博物馆采访了一位作家,作家说:"我天生喜欢写作,现在我成了作家,我非常满意,梭罗也是这样,我想他的生活不会太糟糕。"

他们又采访了一位商人,商人说:"我从小就想做画家,可是为了挣钱。我却成了一位画商,现在我天天都有一种走错路的感觉。梭罗不一样,他喜爱大自然,他就义无反顾地走向了大自然,他应该是幸福的。"接着,他们又采访了纺织工人、学生、服务员,其中有一人说:"别说梭罗的生活,就是梵高的生活,也比我现在的生活值得羡慕,因为他们都活在自己的理想世界中,都做着自己天性中该做的事,他们是自己真正的主宰,而我却为了过上某种更富裕的生活,在烦躁和不情愿中日复一日地忙碌。"

1888 年,法国巴黎科学院收到的征文中有一篇被一致认为科学价值最高。这篇论文附有这样一句话:"说自己知道的话,干自己应干的事,做自己想做的人!"这是在妇女备受歧视和奴役的 19 世纪,走入巴黎科学大门的第一个女性,也是数学史上第一个女教授——38 岁的俄国数学家苏菲·柯瓦列夫斯卡娅的杰作。

今天,盲目从众已在社会中蔚然成风。认识自己的独特性已经同每个人的生存质量紧密相联。竞争的年代,不仅是才能的竞争,更是个性的竞争,你不清楚自己的独特之处,不了解自己潜在的优势,就很难凭真本事去参与竞争,就很难在择优的环境中显出实力,那么你的愿望就只能是愿望。要想不被别人牵着走,只有认真地剖析自我,确认自我,勇敢地摔打自我。尽可能开发出自我的价值,使自己真正成为自己,你才能掌握自己的命运,把握住人生的脉搏。

做本色的"我",张扬独一无二,除了自我凝聚、甘于寂寞外,还需要勇气。勇气是为智慧与才干开路的先导;是向高压与陈规挑战的利剑;是同权威和强手较量的能源。

安排自己的生命时序

最可怕的人生,便是活了一生,才发现这不是自己设定、自己想要的一生!生活中,有人听父母的,听师长的,听朋友的,听恋人的,唯独不听他自己的声音。他们总是被人安排着做自己不热爱的工作,学自己不喜欢的专业,过自己不想要的生活……这种人失去了自己,忘记了自己,如同一张复印纸,只会复印别人的意见和想法。做好自己,安排自己的生命时序,你才能活得更精彩。

其实,你是自己的设计师,成龙成虫全在自己。如果将自己的发展依赖于别人的定位,而没有自己的人生目的,没有实现自我的欲求,就不可能做出一番事业。你的生命,要靠自己去雕琢。你要选择自己的生活道路,确定自己人生的目标。也就是为自己"人生道路怎么走""朝着什么方向走""最终要达到什么目的"进行设计。

人人都渴望成功,尤其是刚刚走出大学象牙塔的青年人,踌躇满志、满怀憧憬,欲在人生的新篇章上谱写壮丽的奋斗凯歌。

但这些青年由于初涉社会，一时难以确定自己的合适定位，这时，很多人容易为人设定，在父母、朋友、老师或同乡的建议、劝告下去从事自己并不擅长，也并不喜欢的职业，最终错过了更适合自己的人生舞台。可见，被别人设定、随波逐流的人生并不是适合自己的人生旅途，只有那些执着儿时向往的目标并为之不懈奋斗的人，才会在事业上取得理想的成就，活出一个无悔的人生。

被别人设定，并且照着别人的设定去做的人，他的生命注定只能平淡无奇、碌碌无为。只有对自己的生命充满激情和幻想的人，才会不断地超越自己，达到一个又一个高峰，人生也因此而绚丽多彩，跌宕多姿。

不做别人的影子

一味地追随、仿效他人，做他人影子的人，是不可能获得成功的。人们来到弗里吉亚城的朱庇特神庙，都会去看戈迪阿斯王的牛车。人们交口称赞戈迪阿斯王把牛轭系在车辕上的技巧。"只有很了不起的人才能打出这样的结。"有人说。"你说得很对，但是能解开这结的人更加了不起。"庙里的神使说。"为什么呢？""因为戈迪阿斯不过是弗里吉亚这样一个小国的国王，但是能解开这个结的人，将把全世界变成自己的国家。"神使回答。此后，各个国家的王子和政客都想打开这个结，可连绳头都找不到，他们根本就不知从何着手。一位年轻的国王亚历山大，从遥远的马其顿来到弗里吉亚。他征服了整个希腊，他曾率领不多的精兵渡海到过亚洲，并且打败了波斯国王。

"那个奇妙的戈迪阿斯结在什么地方？"他问。于是人们领他来到朱庇特神庙,那牛车、牛轭和车辕都还保留着原样。亚历山大仔细察看这个结,也没有找到绳头。亚历山大对身边的人说:"过去许多人打不开这个结,都是陷入了一个窠臼,都认为只有找到绳头才能将结打开。我也找不到绳头,可是那有什么关系?"说着,他举起剑来一砍,把绳子砍成了许多节,牛轭就落到地上了。亚历山大说:"这样砍断戈迪阿斯打的结,有什么不对?"接着,他率领他那人马不多的军队去征服亚洲了。生活中,有许多人总喜欢跟在人后亦步亦趋,但世界上最需要的却是那些有创造力的人,只有他们才能够离开走熟了的途径,闯入新境界。我们应做一个具有创新精神的人。每个人都应该以创造的方式,去做他与众不同的工作。成功不能从模仿中得来,是必须经过创造得来的。一个人一旦丧失个性,就会失败。

第五篇
做贴心的女人

第一章 做男人事业的推进器

鼓励他从事合适的职业

女士们,你们是否已经发现了帮助一个男人正确认识自己的能力与强迫男人做超出自己能力的事这两者之间既微妙又很神奇的差别?你们必须记住,并不是所有的男人都是圣人,即使圣人的能力也是有限度的。一个成功的妻子是从来不会去逼自己的丈夫做超出能力的事的。

可是似乎并不是所有的太太都能这样明事理。我看过很多例子,妻子逼丈夫去做了那些超出能力的事,结果丈夫变得痛苦、忧虑以至于神经衰弱。

每个人都想获得很高的职位和薪水,但这并不能代表那些在低职位工作的人就不幸福、不快乐。事实上,真正夺走这些人幸福的,恰恰是硬逼他们去夺取高位的做法。这会使那些可怜的丈夫患上可怕的胃溃疡甚至于过早地死亡。这不是危言耸听,因为超负荷的压力会使他们的神经系统难以忍受。

克拉克·辛斯顿是纽约警察局里的一名警官。这家伙是个工作狂,每当有刑事案件发生的时候,他都显得十分兴奋,因为他喜欢有挑战性的工作,尽管做这行薪水并不是很高。可是,当他的小女儿出生以后,上级却把他调到一个新的部门做主管,负责处理一些文件。虽然这份工作没有危险,上下班也有规律,而且薪水也很高，但压力也是相当大的。克拉克根本不适合做文职工作，所以在别人眼里看起来很小的问题，对于他来说简直是个大难题。不过，出于各方面考虑，克拉克还是接受了调职，而且也做好了充分的准备。

一段时间过去了，虽然从表面上看起来一切都在有条不紊地进行着，但实际上克拉克很苦恼。他开始失眠，脾气也变得非常暴躁，就连人都开始消瘦。后来，妻子陪同他去看医生，希望能够找出病因。然而，各项检查过后，医生说他身上没有一点毛病。当询问完克拉克最近的状况以后，医生告诉他们，克拉克的病来自工作上的烦恼。

妻子给警察局长打了一个电话，希望他能够让自己的丈夫重新回到原来的岗位上。因为如果他不能从事那份他喜欢、适合的工作的话，迟早会在现在这份工作上累垮。要是警察局依然固执地不调他回去，那么纽约将失去一位非常出色的警察。

最后，克拉克回到了原来的岗位，而他的健康也很快就恢复了。克拉克说："我现在终于明白，金钱与自己能够高兴、愉快地从事一份合适的职业比起来，简直太渺小了。"

女士们，如果你真的希望自己的丈夫能够取得成功，那么请你们不要强迫他们去做你认为合适的职业。你们应该珍惜他们、鼓励他们、默默地配合他们的工作。永远都记住，千万不要硬逼着他们从事不合适的职业，你们要做的就是让他们自由地发挥自己的才能。

让丈夫静心工作

女士们，你们一定都热切地希望自己的丈夫能够取得成功。是的，这一点我是可以完全肯定的。很多女士都认为自己才是丈夫最得力的助手，梦想着在自己的帮助下，使丈夫的事业达到顶峰。她们不能默默地在后面支持丈夫，而必须冲到最前面，因为她们的丈夫是那么需要她们。于是，她们精明地为丈夫出谋划策，安排着各种活动。为了不让丈夫"误入歧途"或是"深陷困境"，她们每天都不厌其烦地询问着丈夫的工作情况。可这一切谁会理解呢？没有人！因为她们这么做带来的结果往往是弄巧成拙。在她们的帮助下，丈夫的事业非但没有达到顶峰，反而是陷入了低谷。

我知道，女士们一定不愿意接受我这种说法，因为这看起来是在怀疑女士们的能力和伤害女士们的自尊心。可是，不管女士们承认不承认，我所说的一切都是真的，应该说也是正确的。在我们身边，能够印证我的话的例子数不胜数。

一年前，我到华盛顿去拜访我的一位朋友，他给我讲了一件事情。前不久，一位在他们公司工作了很多年而且深受老板器重的部门经理被迫辞职了，而他的辞职也是因为妻子对他工作的干预。

原来，他妻子一直都渴望自己的丈夫能够成功，所以她展开了一系列行动，希望能够帮助丈夫。她把丈夫的同事都看成是对手，制订了一系列的计划与他们对抗。同时，她还故意在同事的太太们之间散布谣言、挑拨是非。面对这种情况，她的丈夫一点办法都没有。最后，所有人都不愿意理这位经理了，就连一向器重他的老板也开始有怨言。最后，这位经理只好做出了唯一的选择——辞职。

女士们，你们是否还是固执地认为，你们才是最有谋略的策划家？你们是否还是很热衷于干涉丈夫的工作呢？如果是那样的话，那么，我这里有八条建议，相信可以给你们提供帮助。我敢保证，女士们，只要你们按照我的话去做了，那么你们一定可以狠狠地扯住丈夫的后腿，把他从成功的顶峰拉下来，而且会让他再也爬不上去了。放心女士们，这十条建议非常有效，就算它不会让你的丈夫失去工作，也完全可以把他搞得神经衰弱。

第一条建议，不要忘记给他打电话

这是你们的职责，女士们。你们每天都应该给丈夫打几次电话，告诉他你这一天在家里碰到的大事小情。当然，你也不要忘了问他中午和谁共进的午餐，有没有记得给你买一些东西。最主要的是，当你确认今天就是发薪日的时候，你必须亲自到他办公室去找他。这么做的理由很简单，你要让所有人都知道，这个家是你说了算。放心女士们，你丈夫的工作劲头一定会马上跌落到最低谷。

第二条建议，找机会接近他同事的太太

女士们，你们都知道，没有一个太太是省油的灯。你最好的选择就是时不时地在她们之间散布一些非常有趣的消息，比如你丈夫曾经说过很讨厌她丈夫，她丈夫曾因一点很小的事情被老板狠狠地批评了一顿等。这一招很奏效，过不了多久你就会发现，丈夫的办公室已经划分出几个不同的派系了。

第三条建议，时刻看紧他的腰包

是的，女士们，你们丈夫的工作都多得让人厌烦，可你们不明白，为什么他总是拿那么一点薪水。通过对这些情况的分析，你们可以判断出，自己的丈夫在办公室是不受重视的。作为他的太太，你们有权利也有义务把这件事告诉他。男人们总是非常相信女人的话，他会很快对你说的这些做出反应。一段时间后，你会发现你的丈夫每天不再早出晚归，而是把注意力全都集中在报纸的招聘栏上。

第四条建议，别忘了时刻提醒他

你们是什么身份？你们是高高在上的领导者。你必须教会你的丈夫如何处理工作上的难题，如何把他的销售业绩搞上去以及如何与上司搞好关系。你必须让你的丈夫永远明白一点，你才是真正的谋略家，而他只不过是坐在办公室的一颗棋子罢了。

第五条建议，经常大摆排场

你应该让你的丈夫做一个成功者，哪怕只是看上去像而已。你有必要时不时地举办一些豪华的宴会，哪怕这些会使你家的账目入不敷出。这是值得的，因为这一段时间里，你可以生活得非常非常舒适，并且还有很多人会在你的背后偷偷窃笑。

第六条建议，对他的老板下手

不要再犹豫了，你应该在老板决定解雇你丈夫前施展你精明的外交技巧。

第七条建议，让他的同事体会你的幽默感

你应该多参加他们公司举办的宴会，以此来展示你的幽默感。你应该告诉同事你丈夫在和你恋爱时做过的蠢事，你也可以告诉他们你丈夫睡觉的姿势真是可爱极了……女士们，宴会需要欢乐，而你所讲的这些事情无疑会给整个宴会增添笑料。所有的人都会把目光集中在你身上，因为你正在兴奋地拿自己的丈夫寻开心。

第八条建议，让丈夫知道你才是最重要的

不管他是要加班或是出差，你都必须和他大吵一架。你应该让他永远记住，不管他遇到什么事情，也不管他坐到什么位置，你——他的妻子，才是最重要的。

女士们，你完全可以用这种一流的手段毁掉你丈夫的前程。当然，这种手段的结果并不会让人高兴，那就是你的丈夫首先失去了工作，接着你又失去了你的丈夫。

鼓励他不断学习

女士们，你们是否希望自己的丈夫能够得到升职呢？我想答案一定是肯定的。然而，如果我在这里询问女士们是否帮助自己的丈夫做好了升职的准备，得到的回答恐怕就不是那么肯定了。

我曾经向著名的社会学家华纳博士请教怎样做才能使一个人获得成功。华纳告诉我："美国是这样一个国家，它希望所有人的脑子里都有获得成功的信念，而一个人取得成功的最主要方法就是通过学习。我们每个人都在经营自己的事业，因此就必须利用各种方法给自己创造提升的机会，这其中包括专业技术的训练以及人事考核等。"

华纳博士的话说得非常有道理，因为现如今很多公司都为自己的员工制订了一系列的训练和学习计划。此外，有的公司为了鼓励那些有上进心而且愿意工作之余进行自修的员工，还特意设立了各种升级方式来作为奖励。

的确，每一个在外工作的男人都希望在工作几年后能够使自己的事业上一个台阶。然而，这种能够担当高位的能力却是需要通过在工作中不断地学习来获得的。我承认，并不是所有人都能够实现自己伟大的目标。事实上，在当今这个社会中，很多人都必须不得已地去做一份他们不喜欢的工作。不过，这一切并不能成为放弃努力的理由。

很多事业有成的人都是通过自己的刻苦努力才获得成功的。数学家查尔士·弗洛斯原本是一名鞋匠，而他却利用每天的业余时间来学习，最终取得了很高的成就。乔治·史蒂文生以前不过是一名普通的机师，而正是因为他利用值夜班的时间不断研究数学才最终完成了火车头的发明。詹姆斯·瓦特，蒸汽机的发明者，如果他不是一边进行自己的修理工作，一边展开对化学和数学的研究的话，恐怕人类社会的发展要推迟很长时间。

真的难以想象，如果这些人不是有一颗永不满足的心，那将对人类的发展造成多大的损失。无数的事实已经证明，在当今社会，光满足领取目前的薪水而不去潜心学习的人，是一定不可能获得成功的。

因此，面对这种情况，男人们必须静下心来学习，以便让自己获得提升。这时，作为丈夫最亲密的助手你们应该怎么做呢？要想找到问题的答案，女士们必须先明白一点，那就是一个妻子的态度对丈夫是否能够静心学习有着非常大的影响。

我非常理解女士们，因为如果丈夫要利用工作之余学习的话，对那些需要人关爱和陪伴的妻子来说的确是一件非常残忍的事。你的丈夫非常有抱负，一直梦想着自己能够成为一个出类拔萃的人，因此他报了夜校，每个星期有两个甚至五个晚上不能在家陪你。这时候，妻子首先要学会的就是如何独处，以打发那些无聊的时光。

有些女士可能不赞同我的话，会反驳我说："我为什么要学会独处？难道我结婚就是为了过这种枯燥无聊的生活吗？丈夫的义务除了养家糊口之外，还应该让家庭充满温暖。"我不否认这种说法，但女士们有没有想过？你的不开心很可能会导致丈夫无法安心学习。你每天都在丈夫的耳边不停地唠叨、抱怨甚至于咒骂，使你丈夫的学习没有一点成果。结果，10年过去了，身边的人都已经事业有成，而你的丈夫依然还是一名小职员。我可以直言不讳地说，女士们对丈夫的失败是要负很大一部分责任的，正是因为你们不全力以赴地帮助丈夫，才使得他与成功失之交臂。

女士们，请不要再抱怨了，你们应该仔细地观察一下周围的环境。一段时间后，你们会逐渐理解丈夫的行为。是的，没有一个人天生就具备成功的能力，只有通过不断地学习才能使他们获得这种能力。很多男人在结婚前非常有才能，然而婚后，由于妻子的原因，他们不再去努力学习了。渐渐地，他们跟不上时代的潮流，也不能适应社会上新型的规则，更不可能适应新的社会环境。就这样，他们一点点地落后，一点点地失败。

女士们，你们根本不必怀疑丈夫利用业余时间去学习这种做法是否值得。一个人要想获得成功就必须通过刻苦地努力，而你们为此付出的一切努力也都是会有回报的。作为妻子，你们应该坚定地支持自己的丈夫，甚至于花费金钱和时间也在所不惜。道理很简单，因为这种行为是在为你们将来的幸福生活进行投资。看看下面这些人的成就，也许更能坚定女士们的信心。

赫白·胡佛，爱荷华州铁匠的孤儿，后来的美国总统；亨利·卡伊上校，普通的电话接线生，后来的阿德福·伊斯德里董事会的主席；沃特森，图书管理员，后来的IBM公司董事长；保罗·霍夫曼，挑行李的脚夫，后来的斯杜蒂博克公司的董事会主席。

你的丈夫应该抓住一切机会学习，以便提高他的能力，这需要你真心地、大力地支持和鼓励。一个聪明的男人总会找机会使自己的知识和素质得到拓展。美国驻联合国大使奥尼斯·罗杰斯曾经对我说:"我知道我还有很多技能需要学习,因为我总是面临不同的挑战。如今,为了能够应付大批的文件和信件,我特意参加了一个夜间速读培训班。"

　　如果你的丈夫愿意不断地学习,那么你应该感到幸运;如果他不愿意学习,那么你就应该鼓励他去学习,这样做是为了增加他获得成功的机会。美国哈佛大学前任校长罗威博士曾经说:"怎样才能训练人?是强迫还是严加看管?都不是。训练人的唯一方法就是让他能够自觉地使用他的脑子。作为一名教育者,你所能做的只能是引导、帮助、督促以及暗示,但只有他自己真正努力了才最具有价值。一切都是非常公平的,一个人所付出的努力永远都会和他获得的成果成正比。"

第二章 体贴是女人最大的美德

在生活的小细节中体贴他

在现实生活中有很多妻子并不太重视生活中那些小的细节。在她们看来,只要把大方面处理好,就一定能够让家庭幸福快乐,至于小细节则不值一提。女士们忽略了一个问题,那就是一段婚姻实际上就是由成千上万个小细节组成的。试想一下,如果女士们忽略了所有的细节,那对于一个家庭来说将是多么可怕的灾难。美国《评论画报》上曾经有这样一篇文章,上面写道:"对于任何一个美国家庭来说,注入新鲜事物都是很重要的。比方说,一个男人通常会把身体斜靠在沙发上,跷着二郎腿欣赏体育节目的行为看成是一件很美妙的事情。然而,大多数妻子则认为这种行为是一种没有修养的、放肆的做法。"

女士们应该清楚,一段婚姻的本质就是一连串细节上的事情。如果妻子忽视了细节的作用,那么就一定会和自己的丈夫发生矛盾,就像阿迪娜·米勒所说:"毁灭我们幸福美好时光的并不是已经失去的爱。实际上,正是生活中的小细节促使了爱的死亡。"如果女士们有时间的话,不妨多去婚姻法庭旁听。一段时间之后你们会发现,夫妻之间的感情往往都是被一些琐碎的小事毁掉了。

实际上,在日常生活中最能让丈夫感到亲切和温暖的事,正是妻子在小方面所表现出的体贴。当你的丈夫在晚上拖着疲倦的身子回家的时候,你是否已经为他准备好洗澡用的热水?如果你的丈夫在公司被上司训斥了一顿,回到家显得心情非常烦躁的时候,你是否会默默地为他端上一杯热茶或是热咖啡?如果你做到了,那么你就已经成功了;如果你没做到,那么你就应该努力去做。

女士们可能会说:"我一直都在按照你所说的去做,可是我的丈夫却并不领情。"的确,女士们是这样做了,可你们却是把自己定位成女佣或是咖啡馆服务员。你们会很不耐烦地问丈夫:"我说,热水我早就已经准备好了,你怎么还不去洗?"或是"你要不要来杯茶""快说你到底想喝什么茶"……实际上,任何一个心情烦闷的人都不会有心思去回答你所提的问题的。

没有爱情的婚姻是不幸福的,即使你拥有了金钱和权力。可是,如果作为妻子,你能够让你的丈夫在你细微体贴的爱情中获得自信和幸福感的话,那么你们的生活将会在精神境界上有很大的提高。

罗斯福是美国最伟大的总统之一,而罗斯福夫人也可以称得上是美国女性的楷模。有一次,我到罗斯福家做客,总统夫人对我说:"我丈夫总是很忙,因此有很多事情需要由我来安排。我总是尽力替他安排好生活中那些琐碎的事情,不让那些无谓的东西打扰他。你知道,我丈夫经常要去各地进行演讲,而他又总是喜欢从孩子中挑选一个同他一起去。于是,这项工作就落到了我的头上。为了不让我的丈夫感到厌烦,我每次总是安排不同的人。我丈夫非常高兴,因为这样他就不会感到厌烦,从而缓解了自己旅途中的压力。"

姚斯拉尔·科波夫拉加和他的妻子是一对令人羡慕的夫妇。姚斯拉尔是古巴的一名外交家,同时还是著名的象棋冠军。想必女士们都知道,这种男人虽然在事业上取得了不小的成就,但是他们也往往有很多让人难以接受的习惯。就拿姚斯拉尔来说，他就是个固执得要命的家伙。不过，科波夫拉加夫妇生活得非常幸福，因为他们懂得互相尊重、互相关爱。事实上，正是因为科波夫拉加夫人在生活中做出了很多小牺牲，所以才使她的丈夫自觉地放弃了一些很固执的想法。

有时候科波夫拉加先生的心情会很糟糕，他总是习惯坐在椅子上一言不发。这时，妻子总是会知趣地躲在一边，让丈夫一个人静静地待着，而不会选择用唠叨来激怒他。不过她不会走远，因为丈夫随时可能需要她。科波夫拉加先生喜欢待在家里享受生活，因此他的妻子就放弃了自己喜欢的跳舞。有时候，科波夫拉加先生还会对她所穿衣服的颜色或款式表示不满，她就会马上更换，直到丈夫满意为止。总之，科波夫拉加夫人为了自己的丈夫做出了很多牺牲。

那么，姚斯拉尔·科波夫拉加先生是怎样看待妻子的这些牺牲呢？他说："以前的我很不解风情，一直认为给妻子赠送诸如鲜花、纪念品之类的东西是一件非常可笑的事情，只适合年轻人。可是，有一次圣诞节，我忍不住买了一份礼物给我的妻子。虽然我知道这很幼稚，但我的妻子为我付出了那么多，我还是应该有所表示。你想象不到，当时我妻子简直兴奋到了极点。她对我说，她无论如何也想不到一向讲究实际的我居然会送给她礼物。从那以后，每逢节日或纪念日我都会送给她一件小礼物。虽然这些礼物都不是很珍贵，但是却足以让我的妻子高兴半天。"

女士们，你们真应该把外交官夫人当成榜样。如果你们给予了丈夫生活中细小的体贴，那么也一定会从他们身上得到无穷的快乐。我知道，女士们都想获得一段美满幸福的婚姻，那么你们就不妨把下面这段话剪下来，贴在你们的梳妆镜上。这样，你们在每天早上醒来之后都能看见它：

"机会对于每个人来说只有一次。我应该从现在起就认真做好每一件力所能及的事情。如果我能对别人表示出仁慈，那我将毫不犹豫地行动。不再拖延，更不会忽略，因为这个机会只有一次而已。"

女士们，要想让你的家庭保持快乐，那么就请记住这一原则：在生活的小细节中体贴他。

给别人说自己得意事情的机会

女士们，你们知道什么方法最能够让别人接受你吗？有的女士可能会告诉我："这很简单，把我的优点全部告诉他们，我要用我的语言使他们感受到我的魅力。"如果你真是这样想的，亲爱的女士，那么你就大错特错了。事实上，这种说太多话的做法往往会使别人感到厌烦，尤其是你故意夸大你的优点。因此，如果你想成为一名充满魅力的女士，那么你就应该让别人多说话，尤其要给别人说出自己得意事情的机会。

你们可能想不到，这种做法虽然看起来有些"软弱"，但实际上却充满了智慧，往往可以给你带来意想不到的收获。

汤潘女士是一家大型汽车坐垫生产厂家的销售代表。几年前，全美最大的汽车公司准备购买全年所需的汽车坐垫，这也是这家公司每年年初都要进行的大型采购项目。为了能够获得这项大的订单，很多生产厂家都纷纷寄出了自己的样品。经过层层筛选，只有三家厂商进入了最后的竞标，汤潘女士所在的厂家就是其中之一。

说实话，汤潘女士对这次谈判没有多少信心，因为另外两家的实力也都是非常强的，也就是说汤潘女士成功的概率仅有30%。然而，就在竞标开始的那天，汤潘女士居然得了咽喉炎，而且相当严重，嗓子沙哑得连声音都发不出来。汤潘女士有些灰心，认为这次肯定会失败。可是，明知失败也要试一下，于是她还是进了会议室，和那家公司的采购经理、质检员以及总经理见了面。

当她见到总经理时，很想向他问好，可是她根本发不出声音来。没办法，汤潘女士只好在纸上写道："对不起各位，我今天嗓子坏了，根本不能说话。"这时，坐在她对面的总经理笑了笑，说道："女士，我在这一行也有很多年了，我想我替你介绍你们的产品，你不会有什么意见吧？"汤潘女士点了点头，表示愿意接受总经理的建议。

当时的场景简直太令人惊讶了，这家公司的总经理俨然成了汤潘女士的代言人。他站在汤潘的立场上，分析了她们厂生产的产品的优点，并和其他生产厂商的产品进行了比较。在整个过程中，汤潘女士没说一句话，只是微笑着点头称是。经过一阵激烈的讨论后，汤潘女士居然拿到了订单，那可是价值160万美元的订单啊！

后来，汤潘女士对我说："如果那天我的嗓子没哑的话，恐怕我根本拿不到这份订单。现在我终于明白，给别人说话的机会是一件多么重要的事情。那位总经理当时很得意，因为他认为，对于鉴别汽车坐垫质量的好坏来说，他简直是专家。我清楚地记得，他神采飞扬，滔滔不绝，完全把介绍我们的产品当成了自己的事。从那以后，每当我和客户交谈时，总是尽量让他们说话，而且最好是让他们说自己得意的事情。"

女士们，你们一定要清楚这一点，当别人觉得胜过我们时，他们就会产生一种自尊感和自重感,这一点也是我一再强调的。有了这种自尊感和自重感,他们必然愿意向我们敞开心扉,愿意和我们交朋友;相反,当他们觉得我们胜过他们时,他们就会产生一种自卑感,随之而来的则是嫉妒和猜忌。

各位女士,你们知道如何获得一个成功人士对你的青睐,从而为自己谋得一份不错的职业吗?我可以告诉你们,最好的办法就是让他们讲一讲他们的创业史,因为那是他们认为最得意的事情。

有一次,美国一家著名的大公司在报纸上刊登了一则招聘广告,说是想要招聘一位非常有才能而且经验也很丰富的人来做公司的中层管理人员。可是,虽然有很多人前来应聘,但似乎没有一个被老板看中。

这天,有一位年轻的女士前来应聘,事实上她已经是一位已婚的女士了。应该说,她的条件并不是很好,因为她毕竟已经结婚,而且也谈不上经验丰富。

老板显然有些轻视这位女士,问道:"能告诉我你有什么能力吗?"

女士很镇静地说:"尊敬的先生,我不打算在您的面前吹嘘。事实上,我一直都很敬佩您。我知道,您是一位白手起家的企业家。您凭借着几百美元和一份详细周密的计划以及自己不懈的努力终于取得了今天的成就,您是我心目中真正的英雄。"

老板的眼睛亮了起来,很高兴地说:"是吗?可那些毕竟都是过去的事了。"

女士说道:"可那对我们这些后辈来说却是非常有意义。我不奢望能够获得这份工作,但我想从您那儿学到些更为宝贵的经验。"

这场面试整整进行了三个多小时,老板把他自己如何从一个穷小子变成今天的百万富翁的经历全都给这位女士讲述了。最后,老板笑呵呵地说:"今天是我这些年来最开心的一天。那些应聘者从来没有让我有过这样的感觉,他们老是在那里夸夸其谈,说他们是如何如何有能力。事实上,他们的这些功绩在我眼里简直一文不值。女士,欢迎你加入我们的公司。"

女士们,看到了吧,这就是这种技巧的魔力。可能有些女士会问:"作为女性,和那些成功人士打交道的机会毕竟很少,大多数人根本没有辉煌的过去,我不知道该如何让他们说出得意的事。"女士们,如果你们这样想,那就又犯了一个错误。事实上,每个人都有他最得意的事情,关键看你能不能发现。我可以举一个简单的例子,女士们认为对于一对父母来说什么才是他们最得意的事情呢?对了,答案就是他们的孩子。如果你想和一个已婚的而且有了孩子的人成为朋友,那么与其虚伪地称赞他们,还不如发自真心地去和他们谈论一下他们的孩子。因为对于他们来说,孩子就是他们未来的希望,也是他们最最值得骄傲的事情。

我记得有一位哲人曾经说过:"胜过你的朋友,这是获得敌人的最好办法;让你的朋友胜过你,这是获得朋友的最好办法。"的确,女士们,我们为什么不能谦虚一下呢?为什么不能给别人说出自己最得意的事的机会呢?相信我,女士们,只要你这样去做了,那你一定会成为最受欢迎而且最有魅力的女士。

善解人意,体贴他人

相信很多女士都曾遇到过这样的问题:有些人明知道自己错

了,而且他们的确是错了,但就是不肯承认错误。面对这种情形,女士们大多是选择责备,然而结果却是丝毫不见效,甚至于还会起到相反的作用。其实,女士们完全可以采用另一种方法,那就是理解他,从他的角度看问题,也就是我所说的善解人意,体贴他人。

要想掌握住这一技巧,女士们首先要找到对方为什么会固执地坚持自己的意见。很显然,他那么做一定是有原因的,只要女士们找到背后的秘密,那么就相当于找到了体谅他、理解他的钥匙。

我的培训班上曾经有一位名叫凯莉的女士。她告诉我,她的丈夫不务正业,不但不把心思花在工作上,反而每周都要拿出三天的时间来修理家中的那些花草。在凯莉女士看来,那些经丈夫精心修剪的花草并不比他们结婚时更好看,因此她总是批评丈夫。当然,凯莉的丈夫在面对批评时也不甘示弱,因此家中经常爆发"战争"。

听完她的描述,我知道这是一位不懂得体贴他人的女士,于是我对她说:"你为什么不换个角度考虑?何不尝试一下站在他的角度思考问题?"我的话显然打动了凯莉女士,她沉默了一会儿说:"是的,我知道丈夫一直都很喜欢花草。记得我们在恋爱的时候,他经常会送给我几朵自己种的花。那时候我还常常称赞他有情趣。也许,这次真的是我错了。的确,我丈夫太喜欢花草了,他能在修剪花草的过程中体会到快乐,而我却要剥夺他这种快乐。"

女士们知道以后发生什么事了吗?那太神奇了。当丈夫再一次修剪花草时,凯莉兴冲冲地走过去说:"嘿!亲爱的,我今天才发现原来你种的花是这么的漂亮。我相信,如果我们两个一起经营的话,我们的家会变得更美。""是吗?亲爱的,你真的这么认为?"凯莉的丈夫几乎是眼含热泪地说:"我很久没听到你这么说了。事实上,你一直都反对我这么做。"凯莉笑着说:"可我现在改变主意了。能在工作之余管理自己的花草,这也是一件非常惬意的事情。当然,工作是不能落下的。好了,我们开始吧!"

从那以后,凯莉再也没有责备过丈夫,反而会经常帮他干活。如果实在没时间,那么在丈夫干完活后她也会重重地表扬他一番。就这样,凯莉一家每天都过得很愉快。

看完这个例子之后,有些女士可能会说:"卡耐基真的是一个聪明人,居然能够想到这么好的方法来解决人与人之间的摩擦和矛盾。可惜我不够聪明,要不然我一定也会很好地运用这一技巧的。"女士们,千万不要这样想。我懂得这一技巧并不是因为我比女士们聪明,而是因为我曾经得到过教训。

一直以来,我都喜欢到离我家不远的公园里骑马、散步,这是一种很不错的休闲方式。公园中有很多橡树,那是我最喜欢的植物。当我看到那些可怜的小树被无情的大火烧坏时,我感到非常痛心。事实上,这些火并不是由那些粗心者的烟头引起的,而是在公园野炊的调皮的孩子们所致。有些时候,那火简直大得吓人,甚至必须叫来消防队才能扑灭。

其实,这件事早就引起了政府的重视,因此他们在公园里面竖立了一块牌子,上面写着:严禁在公园用各种形式引火,否则必将受到罚款或拘禁的处罚。可能是工作人员一时疏忽,这块牌子居然被放在了一个很不显眼的位置上,所以很少有人能看到它。此外,虽然政府在公园里设置了一个骑马巡视的警察,但他好像对自己的职责不太感兴趣,因此火灾还是时常发生。

有一次,我急匆匆地跑到那位警察那里,告诉他公园发生了一场可怕的火灾,应该马上通知消防队。不承想,他却冷冰冰地说:"这关我什么事?要知道,现在的火还没有烧到我所管辖的区域。"当时我非常生气,并决定从此以后义务担当起森林管理员的角色。于是,我每天都会骑着马在公园里巡视。

那时候,虽然我的出发点是好的,但是我却并没有理解到善解人意的重要性。当我看到一群孩子在树下玩火的时候,非常的气愤,一定会想各种办法来阻止他们。我会走上前,恶言恶语地警告他们,命令他们将火扑灭。如果他们胆敢拒绝我,那我就会吓唬他们说,我一定会把他们交到警察手里的。这一方法也有效,那些孩子听从了我的话,不过是带着厌恶和反感心理听从的。只要我一离开,他们就又会生起火来,而且恨不得将整个公园烧得一干二净。

很多年以后,我已经学会了一些与人相处的技巧了。这时我才发现,当初自己的做法是多么的愚蠢。于是,当我再一次在公园中看到那些淘气的孩子时,我会对他们说:"孩子们,这真是太棒了,是不是?让我看看你们在做什么?午餐吗?事实上,当我还是个孩子的时候也很喜欢在外面野炊,直到现在也是。不过我从来不在公园中玩火,因为那是一件非常危险的事。虽然我可以肯定地说,你们一定会非常小心的,但我却不能保证别的孩子也同样小心。那些粗心的孩子看到你们在生火,他们也一定会跟着学,而且在回家的时候还不将火扑灭,接着公园里就会发生一场可怕的火灾。仅仅因为不小心,我们将失去这座美丽的公园,而那些调皮的小家伙也会因为生火而被捕入狱。我从没打算要制止你们做什么,我也希望你们能从中体会到快乐。不过,快乐地享受一番后,你们千万不要忘记把那些树叶扔得离火远一点。还有,在离开之前,你们一定要把火用土盖起来。对了,我还有一个很好的建议,你们下次可以到山丘那边的沙滩上生火,那儿不会有任何危险。祝你们好运,我的孩子们!"

这些调皮的孩子这次也听了我的话,不过是心甘情愿的。他们觉得,我是从他们的立场上考虑问题,我是一个善解人意的人。孩子们得到了尊重,也没有了反感,所以他们不会抱怨,更不会抵触。因为在他们看来,我是一个值得信赖的人,也就是说,我用我的魅力打动了他们。

这又和魅力扯上什么关系了?其实,女士们不妨想一想,什么叫魅力?魅力的表现形式是什么?当我们称赞一个人有魅力的时候,是不是也是在说:"我真喜欢他!"对,你只有让别人喜欢你、敬佩你、欢迎你,才能使自己充满魅力。也就是说,做一个善解人意、体贴他人的女人是魅力无穷的。

女士们,相信你们一定迫不及待地想要知道自己到底该怎么做才能善解人意,到底什么样才算体贴他人。我这里有一些建议送给女士们,希望女士们牢牢记住。

善解人意的好处:
消除对方对你的敌意。
让对方接受你的观点。
使对方从你的角度思考问题。
顺利地实现你的目的。
如何做到善解人意:
站在别人的立场上考虑问题。
要真诚地向他们表示理解。
委婉地表达出你的观点。

第六篇
做阳光的女人

第一章 保持对生活的激情

找出心中之火，拥抱激情

现在，请跟着我的脚步，做做练习吧，它能帮助你，让激情浮出水面。把想法写下来，打上自己的烙印，让它永远做你的良师益友。

1. 回忆儿时乐趣

你还记得小时候喜欢玩的游戏吗？如果可以，是什么？最先浮现在脑海里的又是什么？写下来，无论这个游戏多么荒谬，待会儿你就能明白。

当你回忆起这个游戏时，问问自己，你喜欢吗？当时的你激情澎湃吗？你是不是一个游戏高手？没人逼你，你也愿意参加吗？你的父母有没有粗暴地把你从游戏中拽出来？现在开始动笔。

或许这份记忆源自青少年时期。或许那是第一次你发现自己与众不同，你发现了自己的一项小潜能，你从一个小小的成功中收获到了最原始、最单纯的快乐。如果你可以回忆起来——哪怕只有一次，你真正热情高涨、欢呼雀跃的时刻，当时的你无须旁人催促，迫不及待、跃跃欲试，那么你就知道怎样再次把这种感觉找回来。写下来，哪怕你仍旧不明白为什么要这么做，或者还有些不大高兴。

2. 锁定现在的兴趣

想一想，如果你现在手头较宽裕，还有九个月"干什么都行"的假期——追求任何一项事业，做自己感兴趣的事，搬到一个新的地方或者新的国家，和你最喜欢的乐队一起登台献艺，甚至到埃佛勒斯峰过一把登山探险家的瘾。而且，这段时间内，你没有任何经济困难，也无须担心一切实际问题，你会选择做什么？三分钟时间，你可以天马行空，任意驰骋，然后把所有的荒诞念头全写下来。但是，你不可以循规蹈矩，毫无创意，告诉我仅仅是出门旅游，或多花些时间陪陪家人和朋友。越快越好，越多越好。三分钟到了，马上停笔。

快速浏览一遍你的清单。不难注意，有一些小点子，你一想起，就无比兴奋、迫切或者失望透顶。从中选择三个你最感兴趣的，标上记号。接下来，审视自己的现在，展望不久的将来。把明年最希望实现的心愿写下来，时间为两分钟。然后，找出最令你热血沸腾的三个心愿，标上记号。

3. 潜入内心深处，聆听真实呐喊

追溯童年，我惊喜地意识到，大多数当年心中默默期待、梦寐以求的美好愿望，现在已经基本实现。诚然，这些美好的愿望，都不是一夜之间就可开花结果；我把它们归功于那份童年时悄悄藏在心里的激情，还有成年时期，把激情和梦想融入现实的那份锲而不舍。这其中，我得对生活做出选择。

女人习惯于把责任夸张化。大多数女性都自恋，相信自己是一个神话——身兼数职，还可游刃有余。在处理好各种事情——家庭、孩子、事业、二老、社会责任、开支预算之后，还可以精力充沛地与丈夫规划未来，认真尽好妻子的义务。冷静下来，听听自己内心的呐喊吧。你会恍然大悟，原来这个神话只不过是自欺欺人。是的，你们也许可以处理好任何事情——因为你们是女人，你们无所不能——但是你们为什么要这么累？男人为什么天生就可以坐享其成？

我的一个好朋友为丈夫做了一辈子的早饭和晚饭，她今年60岁。当她的丈夫退休后，这个男人希望妻子把午饭也一并包下。妻子二话不说，风风火火地干了起来。可是不久，她开始有些烦躁，丈夫退休，赋闲在家，她的工作反而与日俱增。这样，妻子哪还有时间享受自己的生活呢？再三思量后，她决定对丈夫开始二次"洗脑"。她理直气壮地对丈夫说："我们的结婚誓言中包括贫穷和富裕的不离不弃，可没有包括午饭！所以，今后的午饭你得自己解决！"

多少看似"每日必做"的琐事，我们可以置之不理？授权给别人做？雇人做？还是让它变得自动化？这些"每日必做"的琐事中哪一项阻碍了我们前进的脚步？踢开它！从繁忙的日程表中剔除一二项烦心琐事，可以帮助你把时间节省下来，在心中给真正的激情预留好位置。

4. 学会选择，有的放矢

我们都有过这样的经历。突然之间，对某项事物兴致勃勃，热情空前高涨。一段时间后，激情退却，味同嚼蜡。这个时候，该放手时就放手，别让它继续苟延残喘。

曾经有一段时间，我喜欢上了烹饪。我疯狂地爱上了它，时不时就准备好一顿丰盛的美味佳肴，呼朋引伴，觥筹交错。而现在，我却情愿在外头吃饭。在餐厅，不用忍受油烟，不用打扫，不用清理垃圾，仅仅是单纯地和几个朋友一块儿享受美食，何乐而不为呢？

开始时我有些内疚，暗想，我还是喜欢烹饪的；最后，我终于解脱了！我为什么非得要对烹饪充满激情呢？当我喜欢的时候，我这么做，我很开心，因为有激情；当我不喜欢它的时候，那当然就不予理会。生活一直在继续。

现在，如果你的激情还尚未出现，把所有不喜欢做的事先剔除干净，这样一定大有裨益。用以下的练习，找出你的激情。

想一想你绝对不喜欢做的事情。"我不喜欢这个，我不喜欢那个……"写下你最不喜欢做的五件事。

接着写下五件你不介意做与不做的事。"也许我会喜欢这个，也许我会喜欢那个……"

最终，脑海中灵光一闪，一些新颖的点子让你眼前一亮，你若有所思，自言自语："是的，也许我真的喜欢这个。"这是激情吗？也许是，也许不是。只有自己不断探索下去，才有可能发现最后的正确答案。现在，把它们写下来。

要有耐心。如果你希望不被一些表象所迷惑，那么，继续深入地挖掘吧。或许，你真正的激情，现在还只是一个小小的火星；但是，最终它会燃成绚丽夺目的熊熊火焰。

5. 预见的可行性

通常，我们追求一项美好的事物的，从来没有认真思考过这个美好事物所包含的方方面面。名气带来强烈责任感的同时，还意味着不复存在的个人隐私权。打破一项世界纪录，这是所有选手心中无限渴望的美好梦想，但可能都实现吗？

开始的时候，艾丽丝希望成为一名演说家。但是，演说家的生活着实把她吓坏了——行李箱一年四季都得带上，晚上睡在潮湿发霉的旅馆里，远离自己的家和爱人。后来，她想出了一个好方法。她把自己的梦想稍加改良，做一名当地的演说家，偶尔出出小镇，这样既保留了对家的那份激情，又可以满腔热忱地追求自己的梦想。

苏姬希望开一个家庭旅社，自己做主人，每一天都可以接待新的客人，提供床和早餐。开业不久，她发现她把所有的时间都用在了打扫、做饭、洗碟子、开发票和接听预定电话上了。她忙得晕头转向，筋疲力尽，这种生活与她的初衷大相径庭。后来，她雇用了一个领班、几个服务员。现在，她终于可以摆脱那些繁杂琐事的骚扰，悠闲自得地享受作为主人的那份惬意。

你能从你的激情中收获什么？这种生活现实吗？这种激情是不是对你的另一个人生目标有所帮助？如果不是，你该怎样做些小变动，或把它巧妙地融入到另一个激情中去？

坚持并非易事

在朱娣成为一名正式的法理学顾问后，每天晚上都去政法学校。在那儿，她和一群律师一同探讨一些专业问题。不久，他们提供给她一个职位，让她做一名律师助理，她优雅地一口回绝，心想："为什么我要这么做？我在做我所热爱的事业，我有更多的钱、更多的自由。"

一年后，法律公司的某股东来找她，对她说："好吧，如果你不愿意做助理，我们邀请你做我们的合伙人之一。"

这个诱惑可不小！突然之间，她发现，坚守激情的那份意志变得薄如蝉翼。她喜欢和这群律师一起讨论工作，而且合伙人的身份意味着前程似锦，节节攀高——不仅仅是在经济上。

但是，当虚荣心不再作祟，初始的那份狂喜慢慢冷却之后，朱娣还是冷静地婉言谢绝了这份邀请。对于未来，仅与法律打交道，这不是朱娣的激情，也不是她的梦想；即使这份工作的条件再优厚，再前程锦绣，又与她何干？最终，她的激情坚持之路有了可喜的成效。她的生意迅速攀升，势如破竹。她所获得的收益比当年那份合伙人的薪金不知要强上多少倍。而且，她是自由的，无拘无束、经济独立；最重要的是，她的这份工作，让她充满激情。

这种坚持并非易事，容易的是妥协。我们，或是许多其他的人，普遍认为接受一份马马虎虎、谈不上激情但也不排斥的工作聊胜于无。但是，坚持按照自己的激情去生活、去工作，最终你能够获得收益——或许不是经济上的，但一定会是另一个同样重要的方面。

达蕾恩·凯根是美国有限电视新闻网的一名主持人。16岁那年，她暗自下决心，自己将来的工作，每一天都要有不一样的内容，每一天都能带来不一样的惊喜。开始，她想，当一名医生吧，但一节化学课后，这种想法便不复存在；她的第二个想法——做一名电视主持人，却在心中深深地扎下根来，并成为她一生追逐梦想的强大驱动力。在当地的一家电视台工作了五年半之后，她终于鼓足勇气，申请做主持人。但是，她的老板一次又一次拒绝了她的要求；更糟的是，老板只愿意聘请一些金发碧眼的漂亮女人做主持。"这只不过是相貌问题，"他淡淡地说，"有些人天生丽质，有些人不是。很明显，你不是。"

这句话真伤人。然而，达蕾恩并不同意老板的看法，不同意她的激情就这么遭到扼杀。她巧妙地避开老板的成见，摸索出一条适合自己的成功之路。她尝试创办了一档新节目——"周末体育赛事"，直觉告诉她，这一定是一个极具市场前景的大好机会，因为体育对于大多数女性来说一直是个禁区。达蕾恩以"无偿服务一年"为前提,最终说服了老板让自己主持。后来,当美国有线电视新闻网进行招聘时,丰富的工作经验和社会阅历成为达蕾恩得天独厚的优势。在新的环境兢兢业业工作了三年以后,她终于如愿以偿,当上了一名重量级媒体的主持人。

当时,达蕾恩可以相信第一位老板的意见——"这只不过是相貌问题,你不是"而轻言放弃。很多时候,明智的选择就是不要停下追梦的脚步,哪怕当时结果显而易见,不容乐观。不要让别人来定义你的人生、你的激情,或引导你的前进方向。当达蕾恩的激情受到考验时,面对暂时的失利,她毫不气馁,旁若无人,继续她的梦想之路,直至最终到达成功的彼岸。

表达激情因人而异

并非所有人感知、表达激情的方式都是一样的。我习惯了做事雷厉风行,务实高效。有人说,我就好比是夏天的雷阵雨,毫无预示地闯了进来,先是闪电,继而雷鸣、狂风、暴雨,不消一刻,便匆匆鸣金收兵。

我的越南管家——氏秋,是全世界最安静的女人。她总是一副泰然自若的样子,但我知道她对烹饪充满无限激情。她做的虾,所有的虾尾排成一个整齐的圈,直指中间调过味的米饭,栩栩如生。这个米饭也从不单调,总是被堆成各种精致的形状,令人叹为观止。她做的沙拉,每一种蔬菜都切得一般大小,层层交错,色泽艳丽,堪称一绝。而我做的沙拉,所有材料乱切一通,拾掇拾掇,便可下口。她的每一道菜都是一门艺术,不但满足了味觉,更大程度上给人带来的是视觉上强烈的冲击和震撼。不难看出,氏秋是热爱烹饪的。但在做饭的过程中,她那副慢条斯理、悠闲自得的神态却不由得令人疑团顿生,她真的有激情吗?

如果你表达激情的方式也是那么与众不同,有关系吗?毕竟,重要的是你拥有激情,它正藏在心里的某个角落,倔强地,悄悄地燃烧着。

我有幸观看了艾丽西亚·阿隆索的舞蹈演出,那一年她61岁。毋庸置疑,内心的激情是她成功的重要源泉。这位舞者永不言放弃的精神同样使我深受鼓舞。

评价一个人,不是看她对待胜利和成就的态度,而是看她对失败和绝望的处理方式。当生活变得艰难,我想起了艾丽西亚,还有和她一样激情之火从未熄灭的女性。

要使激情永不熄灭,请试试下面的几个策略。

1. 振作自我

我们生活在一个物欲横流、精神颓废的时代。我们可以终日浑浑噩噩,看报、玩游戏、上网聊天,且毫无愧疚之意。即便流年似水,弹指而过,我们仍相信生活一直在继续,一切都很美好。表面上我们很忙,实际上我们什么也没有做。

消极是激情的天敌。它们彼此藐视,水火不容。一个富有激情的女子,不会一味地坐在沙发上等待什么。她总是朝气蓬勃,活力四射,永远与时间赛跑。当机会在她面前招手时,她不假思索,牢牢抓紧,以迅雷不及掩耳之势,不留任何喘息机会。

2. 训练自己的激情

如果你认为,"我天生没有激情",不要绝望,就像体育运动,你可以通过后天训练来加强。给自己注入动能,从平凡的每一天开始,直至整个人生。记住,每一种悲观因素都会阻碍"激情"的训练之路。

要不是别人硬拽着我，我想，这辈子我都不会参加冰球比赛——一种令人无比兴奋、声嘶力竭的比赛。当戴好防卫面罩，英姿飒爽地站在赛场上，弓着背，虎视眈眈地盯着球的那一瞬间，我就完全进入了状态。我不知道比赛有什么规则，也不知道要在这冰冻的湖面上做些什么；我只知道，在球场上，人人激动万分，热血沸腾。我拼命地朝着队员、教练，乃至身边所有的人大喊大叫，歇斯底里；我拼命地挥舞着球杆，不知疲倦地来回奔跑；我又叫又跳，为了一个球又哭又笑，像疯子一样。但是，生活真的因此而精彩起来，动感十足。我是在训练我的激情。

是的，激情需要训练，好比希望自己出类拔萃，你得努力，也得通过不断训练才能实现。任何时候，即使生活不尽如人意，你也要勇敢地挺身面对。我们没有办法跳过一段我们不喜欢的人生，没有人能在生活中的每段时光都快乐无比。我有一个朋友，她每天坚持跑步8000米，刮风下雨，冰雹雷电，从不间断。开始，我错误地认为这是热爱跑步的现象，她马上纠正了我："我不喜欢跑步，我只是喜欢跑步带来的种种好处。当我在跑的时候，我总是不停地告诉自己，跑完之后，你会感觉多么舒服。"

生活中的每个时刻怎样度过，你有两个选择：一是从欣赏的角度看待它，欢呼雀跃；二是悲观消极，萎靡不振。你要选择的是第一条路，没有什么比悲观消极更能扼杀你的激情。"我喜欢嘻哈音乐，我讨厌现在的工作"，这种想法不能让你在工作中有所成就；除非有一天，你把工作辞了，一心一意地追求你的激情——嘻哈音乐。人的一生中有许多小驿站，许多岔道口，或许现在的你仍处在徘徊、岔路之中，但这又何妨？任何经历都不是一种浪费，它们是训练的基础，全心全意、平心静气地等候时机，你才能蓄势待发，为最后的冲刺做好准备。我们需要的是振作起来，从目前的工作、生活中至少找出一个小方面——一个蕴含激情的小方面。

每一个小驿站的激情,我们都得小心翼翼,发扬光大;因为它们是财富,是积淀,是人生目标的重要训练基础。

3. 行动起来,即使是个错误

90%的成功已经出现。无论是在游说一个倡议,寻找一份工作,还是在学习画画,你都不能仅仅停留在想象阶段,而必须真正付诸实践。许多人害怕承诺,他们认为,一旦大张旗鼓,鸣锣开道,势必引起众人的翘足引领,望风响应。稍后,有人大失所望:"就只有这些吗?"然后,锣也不响了,鼓也停了。

也许今天令你兴趣盎然的一件事,明天即变得索然无味。特定的时间里,新的激情总在不断生成,你也随之悄然变化。

然而,即便你深知今天的兴趣,明天也许味如嚼蜡,那又何妨?把握好今天,明天继续前进,跟上变化的脚步,永不停歇,这才是你要做的。行动起来,即使是个错误。

4. 点燃自己的激情之火

瑟尔今年已经是 81 岁高龄。瑟尔犯过两次严重的心脏病,做过心脏搭桥手术,但他比两任妻子都活得更久。按照统计概率,他已经属于"高危人群",但是什么原因让他越活越年轻呢?

原来,他有一个小嗜好,正是这无伤大雅的小嗜好让他每天早晨都能开开心心地起床。他喜欢在当地的一家小娱乐厅打牌,他对这一爱好孜孜不倦,以至每天我都得在一个特殊时段联系他,要不就联系不到了。他并非成瘾,每天的花费不超过 30 美元,通常一周下来,基本持平。大多数人或许会对这种"激情"摇摇头,不置可否;然而毋庸置疑,正是这股"激情",他才能够每天如此精神饱满,活力充沛。

同样地，如果你的激情得不到大家的认可，无须沮丧。别人怎样看待你的激情，与你何干？毕竟，这是你的人生，你的激情，而不是别人的。

通常情况下，"什么是正确的，什么是错误的；什么地方该去，什么地方不该去"，对于这样的问题，我们很容易轻信于人，言听计从——不要再做一个听话的乖宝宝。当然，这不是建议你随意破坏规则，我们需要的是从历史中找到经验教训，扬长避短。值得一提的是，"经验教训"也不可膜拜，有的时候它能成为桎梏，阻碍前进的脚步。

我的箴言——"我做我的事，有问题吗？"这条箴言帮助我点燃了内心的激情，而不是他人的。当然，这种方法并非一直有效，但是，按照自己的激情行事，即使最后失败了，也输得舒舒坦坦，口服心服。

不要只是破坏规则，要建立自己的规则。我们办公室就有一个这方面的楷模。上班的第一天，这位女性让整个办公室的面貌焕然一新。她对自己的责任明了于心，但并不拘谨于此；她更明白，有的时候，稍做改变便可取得积极深远的影响。她乐此不疲地改进她的工作计划，精益求精；她发挥主人翁的态度，公司的大小事务一律积极参与。毋庸置疑，她称得上是一位成功的职员。你也能够做到。你需要的是，现在就制定一个新规则作为突破口。

5. 从小火星开始

女人通常认为，她们的激情毫不起眼，微不足道；真正叫作"激情"的东西应该是光芒四射，耀眼夺目的。在我成长的过程中，感谢我的亲人们，他们从来没有告诉过我，只有那些"惊天地、泣鬼神"之事，才值得一试。反之，他们注视着我，惊喜着我，鼓励我一切荒诞可笑的小主意：玩足球，玩小战争——在奥尔良最著名的"杜蒙咖啡",用砂糖和小朋友玩泼撒嬉戏,玩扑克牌——即使把零用钱输得精光。

火星是火焰的源头。只有你自己才能决定哪一个小火星值得你付出时间和精力,记住:聊胜于无。小火星带来的是希望和自信,是你熊熊的激情之火的出发点。

阿尼塔·罗迪克——一个从突发奇想的小创意开始,到现在成为在全球拥有超过 1900 家门市的知名品牌"美体小铺"的创始人,曾经这么说:"如果你认为自己的力量微不足道,不足以改变这个世界,那你就永远躺在床上与蚊子为伴吧。"从一个小火星开始,点燃你的激情之火,直至它热烈灿烂地燃烧,散发无限能量,带来无限惊喜。

6. 把激情变成文字

商界里有这么一条广为流传的金科玉律:一切以合同为准。哈佛大学曾经做过一个统计调查,调查显示:只有 3% 的人制定过人生目标,并认真写下;14% 的人制定过人生目标,但没有写下;83% 的人没有明确的人生目标。这一报告还显示,这 3% 有详细罗列在案的人生目标的人收获的财富是没有目标的 10 倍以上。

认真书写人生目标的人,更有可能获得健康和幸福的婚姻。书写的力量不可轻视,只有你把这一目标详细规划,记录在案后,它才能引起你足够的重视,并促使你认真制定每一步具体的实施规则,并付诸实践。

7. 为激情挤出时间

在日益繁忙、高度紧张的现代生活中,不少人认为,自己太忙了,根本抽不出时间做一些额外有"激情"的事。如果我们认为这是原因,那么这就真的是原因——理由充足,无力反驳;反之，如果我们对自己承诺，相信一定能挤得出时间，那么，为了遵守这个承诺，千方百计，你也能成功腾出时间。

许多作家每天早起一小时写作。许多成功女性，每天的午饭时间，她们仍然学习，打商业电话，或是在别的"激情"之路上探索、继续前进。有上进心的家庭主妇，寂静深夜，仍不肯睡去，她们神采奕奕、孜孜不倦地开始追求自己的梦想。

现在，你一天中60%～80%的时间所做的事，你喜欢吗？你有激情吗？如果答案是肯定的，毋庸置疑，你一定会成功；如果不是，把这个概率颠倒一下，把激情融入到生活和工作中来，你注定是属于热烈燃烧的。

8. 和身边的人结为同盟，拥抱激情

不足为奇，女人在追梦的过程中，总会因为这一激情和身边的人产生各种纠纷——和上司之间，和最好的朋友之间，或是和亲密的爱人之间。这种情况下，你是舍弃自己的梦想，顾全大局呢，还是依旧无怨无悔，坚持自己的梦想？

成功的一个很重要的性格因素是懂得舍弃，离开那些和你不是同一条战线上的人。当然，这并非意味着所有你认识的人，你爱的人必须无条件支持你；但有一点可以肯定，那些企图削弱你意志力的人，你得唯恐避之而不及。

我的一个朋友，结婚以后就把自己的事业搁在一旁，全身心地投入到孩子的生养工程中。一晃最大的孩子都已经四岁了。这时，她决定重新走出家庭，再一次回到社会中。开始，她尝试做一些志愿者的工作；不久以后，她找了一份全职工作，虽然已经与社会脱轨了四年，但她赚的钱甚至比丈夫还要多，美中不足的是这份工作需要经常出差。她的公公婆婆不乐意了，他们坚信女人的天职就是在家相夫教子。于是，他们成天在儿子面前絮絮叨叨，搬弄是非。丈夫快崩溃了，情感上，他支持他的妻子；但是天生的愚孝使他不敢对自己的父母不敬。同样地，妻子也陷入深深的矛盾中，一方面她对美好的事业前景无限渴望，另一方面她又深深地爱着这个家。

我鼓励她走自己的路，让别人说去，因为这是她的人生。太多的女性为了家庭忍痛割爱，放弃自己的事业。这很传统，但最终你会被自己逼疯。一些梦想，当它向你微笑，向你招手，你无可奈何地静驻观望它飘然而过；最后，你自由了，奋力追逐，它却再也不会回来。这位丈夫有一点值得称赞，他支持妻子，不会给她太多的压力；因为和妻子一样，他们之间的感情对他也一样重要。

反之，我以前的一个学生，赚的钱比丈夫多，丈夫无形之中相形见绌，抬不起头。就是这一原因，妻子放弃了自己成功的顾问事业和六位数的收入。当然，妻子宣布放弃，这么做是为了避免家庭战争。也许她应该宣布的是放弃她的丈夫，鄙视丈夫狭隘的思想；她应该向热爱她、相信她的人们投降，而不是向她愚蠢的丈夫。

一段和谐的人际关系应当是互利的。真挚的情感能容纳百川，能平静地适应改变。当你意识到一段感情在扼杀你的激情，问问自己是不是到时候了，你应该优雅地放手，骄傲地前进；或敞开心扉，真诚地进行沟通，表明这一决定对你的重要性，相信爱你的人一定能够理解、包容，给你惊喜。

开辟一条交流之路，和生命中重要的人结成同盟。如果选手们相互打气，人生这一游戏会变得更加精彩，充满挑战性。如果你的队友和你在同一战线，齐心协力，成功还会遥不可及吗？

9. 加加燃料，激情燃烧愈加旺盛

当在做自己喜欢的事时，想一想："如果我一辈子的每一天都能这么做，我是不是就会很快乐？"果真，你这么做了许久，但你发现，自己并没有想象中的那么欣喜若狂。

并非所有的人都能够在半途中换一个目标。你学了这么多年，积累了一定的经验，也已略有成就。就像搭建一个框架结构，你需要不停地努力，不停地往上搭建。换一个目标意味着从头开始，重新投入你的激情和能量，重新走上一条未知路。如果你是真心渴望从头开始，干劲十足，精力充沛，或许这是一件好事。许多这样的人就是彻底地抛开过去，重新选择，而取得成功的。

至少一周一次，罗琳恼羞成怒，准备卖掉她的公司，或把她的首席执行官职位拍卖给第一位叫价的人。她热爱她的工作、她的公司，但她并不热爱所有的事物。在你的生活，你的工作，或是你的事业中，你有过类似的感觉吗？如果你的感觉和她的有几分相似，你经历的不一定是激情的"燃烬"，而很有可能，你的激情需要加加燃料。

做你想做的事，但是找个不同的聚焦点；或者全部否认，重新开始。她做的最棒的一件事就是彻底地抛开过去，重新点燃另一团火。

你的激情中，哪一个方面你还没有完全挖掘充分？什么能令你的精神为之一振，热烈燃烧？新的机会在你的面前招手了吗？激情是宝贵的，不要让单调乏味、一潭死水的生活蒙蔽了你的双眼，挫败了你的热情。深入内心挖掘一番，找到激情的火星，小心翼翼、发扬光大；再辅之燃料，让希望的火苗迅速燃烧，而且愈加旺盛。

第二章 不断更新自我

更新自我

往后退一步,客观地审视日复一日的常规生活,如果这种生活发生在朋友身上,你会给她一些什么建议:放慢脚步?深呼吸?不可"连轴转"——在第二天排山倒海的工作来临之前,给自己留些时间,享受生活?

我们需要给自己这样一些善意的建议,并且听进去。我们需要让自己激动,而不是浑浑噩噩生存下去。若希望与他人建立一个健康、快乐、充实的人际关系,首先,你得和自己建立起这个健康、快乐、充实的友好关系。你的思想、身体、情感,还有灵魂,都是自己人生道路上的乘客,而定期更新,恰恰是为这些乘客定期"充电",消除疲劳,活力再现。"充电"之后,你精神饱满、气贯长虹地继续为实现"大事"奋斗打拼,信心十足地再次周旋于排山倒海的工作之间,哪怕之前巨大压力下的你已不堪重负,咆哮如困兽。更新自我,能够减轻你的负担,哪怕周围的环境多么纷繁复杂,你也可以心无旁骛,志存高远。

计划更新

年轻的时候,没有理由地逃学一天、四处游玩——想想一天之后,你是多么神清气爽、轻松快乐。然而,随着年龄的增长,压力的增加,你可以给自己"充电",但只能是刻意地去完成它。

创业的初始阶段,这意味着工作量的大幅度增加。每天的"连轴转",使玛丽根本抽不出时间放松、"充电",更不用说奢华的"更新自我"——至少,她这么认为。体力不支的时候,她漠然地靠一杯杯咖啡来提神。几个月后,情况恶化,她越来越疲惫,工作效率也不尽如人意,这时,她意识到了,她得做些改变。她给自己开了一张简单有效的"处方"——一张重新获得自己活力的处方:锻炼,合理膳食,片刻安宁,还有每天必需的一些欢乐。

现在,玛丽用组建和管理公司的方法,计划自己的"更新"行动。她给自己定下更新的目标,战略计划,还有详细的实施步骤。休假时间必须提前确定;其他的"活动"——一切能让她重新青春焕发、活力再现的活动,早早备案。为的是无人打搅,她可以坚持不懈。除非火烧眉毛的急事,否则她一定能做到严格要求,风雨无阻。譬如,周一晚上是她的"按摩理疗夜",就连汤姆(她的宠物狗)也很自觉,那天晚上不来打搅她。

饱含激情的女人认为,生活中的每一天都要做到极端精确的平衡——张弛得当,劳逸结合,但这不可能。同时,她们还认为这样的生活并不令人向往,甚至,还略显无聊。玛丽所努力的,是使自己的"生活"平衡,而并非局限于"天"的单位平衡。玛丽曾一度每天连续工作16个小时,为的是节省16天的时间到东欧的一些国家旅游休假。她相信,世界上最开心的人是充满激情的人，而不是那些目光短浅，以"天"为出发点，一味讲究"平衡"的人。

只有你自己才知道，你的生活是平衡的还是不平衡的。当你的个人生活和工作起了冲突时，无论做什么事，你很少能感觉到发自内心的满足。当心中那份激情逝去之后，你茫然不知所措，前方的视野一片模糊。女人的自我掩饰力极强，当你的丈夫或老板对你提一些额外的要求时，也许他们永远也发现不了你已经不堪重负、濒临崩溃。

每日恢复体力

在新奥尔良生活的时候，我从来没有考虑过食物卫生问题。到了路易斯安那州，只要家里的长柄锅容得下，吃的东西不管是否卫生，我们都把它油炸之后，狼吞虎咽地吃掉。我也从来没有考虑过一口气吃完三大碗意大利面有什么不妥。当我的年纪越来越大的时候，这种饮食方式开始令我疲惫不堪，更糟的是，浴室里的体重秤友好地提醒我，我变重了。年轻时的毫无节制，年纪大了可行不通。我必须做出改变，重新找回我的活力，控制我的体重。每个人都有虚荣心，而这回恰巧是虚荣心救了我。

身体健康不但是生活幸福的重要因素，还是任何成功的首要前提。身体健康需要锻炼、营养、充足的睡眠和一个良好的生活计划。我的一个朋友叫我"贪吃小机器"，因为我一天要吃六顿之多。不过，每天我都会依靠进食大量的水果、蔬菜，还有必不可少的蛋白质来保证健康和活力。我真的很喜欢吃，很多时候，当身边摆满了意大利面和肉丸时，我的喜悦之情溢于言表。被迫节食真是世界上最令人沮丧的一件事。每一回无限贪婪地盯着电影院的爆米花时，我都知道，自己一定会一如既往地大快朵颐，然后亡羊补牢，拼命做运动。我每个星期做六次运动，这也是每天起床需要进行的第一件事。

运用以下10个步骤重新恢复体力：

1. 准备

适度地给身体添加所需要的"燃料"。用充足的维他命、抗氧化剂、绿茶，还有亚麻籽配上天然纯酸奶来增强你的气力和免疫系统。糖只会削减你的精力——用水果和蔬菜来替代，每三个小时进食一小份。女人通常视脂肪为大敌，对含有脂肪的食物避之唯恐不及，这是错误的。脂肪是人体必需的营养物质，适当进食很有必要。尽管这样，女人还是需要把自己的体重维持到一个最佳水准。多余的脂肪和体重，就像一包垃圾，你每天得扛着这包垃圾走来走去，真是烦人。

2. 运动

找到自己感兴趣的一项运动进行锻炼。制订一个计划，可以推陈出新，花样繁多。开始做些有氧运动，例如散步、小跑，或是骑单车；逐渐增加一些力量训练，增加身体中的瘦肉含量，增强消化系统；若希望身体的力量和灵活性达到最佳，瑜伽和普拉提是最好的训练课程。

3. 睡眠充足

每天晚上7～8小时的睡眠时间是永葆青春的仙丹妙药。当你的睡眠被剥夺的时候，你会发现，第二天身体、精神状态，还有处理问题的能力都将大打折扣。别再痴迷于午夜电视连续剧，形成你良好的生物钟，这些都将帮助你重新达到身体最佳状态。

4. 清除体内垃圾

我曾一度对新奥尔良的苦咖啡上瘾,当你一样有这样的问题时,你不必对自己极端苛刻。初始阶段,我把它换成了汤匙不含咖啡因的咖啡粉末,接着两汤匙,三汤匙……直到后来,我渐渐地开始喝绿茶。现在,即使到了下午,我也不会无精打采了。

5. 按摩

一周去按摩一次。如果做不到,那就从一个月一次开始。试一试深部组织按摩,脚底按摩,还有针灸疗法。至于费用,你可以从按摩学校中得到一定折扣,或是找上一个朋友,和她一起互相免费按摩。这是一个重新恢复体力、永葆活力的好方法,而不是一种奢侈的享受。

6. 纵容

对待自己的身体如同保护一座文物古庙。制定一个专门的时间,你需要好好地犒劳自己——做个足底按摩或是洗个舒服的泡泡浴。即使这项工作得等夜深人静的时候,大家都睡了,你才可以小心翼翼、满心期待地开始进行,你也必须进行到底,你会发现这些额外嘉奖自己的时间带给你的是意想不到的惊喜和满足。

7. 呼吸

直立身子,垂直坐下,有意识地深深吸一口气。然后再吐出,至少一小时重复一次,以锻炼你的肺活量。氧气就是能量。

8. 去死皮

身上最大的器官——你的皮肤肩负着排除大部分杂质和毒素的功效。沐浴前,用干燥的专用浴刷,好好清理按摩一番。顿时,浑身舒爽,清新怡人。从你的脚趾开始,向上按摩,按摩时小面积地耐心进行。

9. 说"不"

生病时尽可能不依赖药物治疗。药物（包括草药）都有它一定的副作用，不管怎样，它都会在一定程度上破坏身体的免疫功能。在匆匆忙忙赶往药店之前，想想有没有更健康、安全的方法可以尝试；或者，干脆做自己的医生，给自己开个不用药的处方——健康的生活方式。

10.制定切实可行的健康目标

在50岁的时候，依然有一个充满活力的健康身体，这并不是一种妄想。然而，希望那个时候，还可以像一个20出头，开着低底盘跑车、意气风发的年轻人，这当然是痴人说梦。这样的目标只能令你失望，沮丧。保持健康，你的生活和你对生活的热爱都将依赖于它。

给自己的思想充电

若干年来，我阅读的书籍、学习的知识都与工作有关，我认为这是在帮助自己成功。然而，我却发现自己越来越才思枯竭，再也没有一些"奇思异想"令我沾沾自喜。我觉得自己要比以前聪明许多，但这点小聪明却怎么也用不到工作上。现在想想，那个时候，虽然自己没有意识到，但实际上我已经是黔驴技穷了。

创意和智慧的源泉都来自你的思想。我开始尝试丰富自己的思想，把所有关于工作的书籍全抛出卧室，把阅读的范围扩大到文学、个人传记，还有一些轻松的消遣读物。奇迹出现了，我的情绪渐渐好转，我的思维像一个个跳动的音符，谱写出鲜明生动的优美韵律。

一个女人，思想上的干涸同样会令她感觉到情感上的枯竭。

我曾告诉一位肯塔基州的女性朋友,"我从不看电视"。她的回答让我直到现在还记忆犹新:"你从来不会从早到晚坐在电视机前,机械地往嘴里塞薯片,那么为什么不学学百万富翁是怎么做的呢?"

你经常往你的大脑中塞垃圾吗?也许早在无意识中,狂轰滥炸的电视节目、脱口秀,还有网络早已轻松把你催眠。这些娱乐项目中没有一项是真正的十恶不赦,但它们都具备强大的负面影响。当我们打开电视,欣赏声情并茂的精彩节目时,不知不觉中,大脑已经几小时处于休眠状态。这些活动并不能给你的思想重新"充电",所以,毫不犹豫地摒弃它。

运用以下6大策略给思想"充电":

1. 补充营养

大脑和记忆力的工作状况,很大程度上取决于营养是否跟得上。平衡膳食,补充营养。

2. 启迪智慧

3. 挑战你的品位

参观艺术展览馆、植物园,或者博物馆,你不可以只是走马观花。

4. 创新

读一本与工作无关、启迪智慧的书籍;倾听启迪智慧的音乐。新的烹饪方法,新产品,或者新的雕塑,你都尝试亲历亲为一番,以更新你的思维模式。每一回,我们尝试把两个看似毫不相干的主意联系起来,瞬间交织,或许激活的是璀璨的智慧火花,而这些火花带来的是一种全新的发散思维,你豁然开朗,如沐春风。

5. 给"大脑"放假

以前休假时，我习惯一并带上财经杂志。现在，它们则一股脑儿地全被丢弃家中。长时间的头脑休息，譬如休假；短时间的头脑暂停，譬如一场好电影；再或是 15 分钟的散步都能令你重新振作精神，斗志昂扬。努力工作，一样努力放松。

6. 转变心态

消极的心态，不自觉中专注的是事物的消极面。平时虽然很少提早，但通常情况下我都能准时到达约定地点。然而一天早晨，一件事情引起轩然大波：在我住的饭店里，一位服务生居然推迟了 20 分钟把早餐送到房间。那天上午，我将要面对 300 人进行一场演讲，但那时，我却为了一杯迟到的低脂酸奶大发雷霆，而把演讲的事忘得一干二净。那个时候，我的注意力完全被引到错误的方向上。我们都只不过是普通人，有的时候，不知不觉中注意力就转移到了错误的方向上。但是，我们需要的是亡羊补牢，及时纠正。错误的心态阻止思维跳跃发展，熄灭璀璨的智慧火花。

帮助别人，更新自我

正如作家哈达·贝贾所说："玫瑰赠予他人，芳香永存心底。"无论你是定时交税、捐助慈善事业，还是慷慨对人，"给予"都是一种令人愉悦、激发活力的行为。在能力所及的前提下，乐于助人不仅有精神上的收获，还会有自我更新的感觉。

"给予"并不意味着你必须打开钱包，慷慨解囊。时间是一份珍贵的礼物，指导是一份珍贵的礼物，精神和情感上的帮助同样是一份珍贵的礼物。譬如，细心照料一位生病的朋友，或是安慰一个遭受不幸的朋友，用积极向上的话语鼓励他们，你不会损失什么；相反，你能和他们一样，无形中受到感动，振奋精神。

如果你希望收获什么，首先你得学会"给予"。如果你希望得到更多的钱、勇气，还有爱，那么今天付出，明天也许就能收获意外的惊喜，而且这些惊喜可能来自你未曾给予的人。慷慨付出，使我受益匪浅，甚至远远超出我的想象。

给予和激励的最高境界是给世人留下宝贵的财产。父母为子女树立榜样，留下一生受用的处世原则；教师教书育人，留下伟大的知识；哲学家留下他们智慧的火花；发明家留下他们的创作；企业家留下的则是他们的创业成就。当然，你并不一定非得当一位教师、哲学家或是企业家。

你将会在世界上的哪一个角落呢？不管你在做什么，尽力把那儿建设成最美好的一个角落。心存感激，享受和亲人朋友在一起的每一刻。如果你没有留下什么财产，人们会因为你的上述作为而永远记住你。

运用以下五大附加战略，全面更新自我：

1. 制订"更新"计划

我的"更新"计划包罗万象，从每天健康的养生之道，到徒步行走于国家公园，包罗万象。定期评价、调整你的"更新自我"计划。

2. 认清现状，划出起跑线

明确自己可以随时从头开始。不管你现在处于人生中的什么阶段，你都有一个过去，还有一个现在。也许你三年，甚至30年都没有活动起来，那么从现在开始忘却从前。

3. 小事开始，循序渐进

享受五分钟的安静时刻，然后10分钟；一天给自己加一种蔬菜，然后两种；关上电视一个小时，然后两个小时；一周限制自己少吃一次快餐,然后两次。30~60天的时间,如果你坚持下来,你的生活将习惯性地走上新的健康轨道。

4. 偶尔放放假

一份薯条,代替一碟花椰菜并不会对身体造成多大影响。没完没了的约束只会令你心灰意冷,那就不妨放放假,享受番茄酱,享受你的薯条。

5. 消除一切借口

我认识一个女人,她每周工作80小时。她"谢绝休闲"的借口是,当周末来临时,她已经筋疲力尽,对任何娱乐项目都提不起兴趣。但是,一个轻松愉悦的周末也许是消除疲惫的良药。"自我更新"需要的只是一点时间、一点精力。如果没能"自我更新",以最佳的状态享受休闲时光,成功和事业只能是纸上谈兵。

记住,生活充满激情,你必须注意到自己方方面面的需要,而非仅仅停留在其中的一两个。一方面的力量(譬如情感)能够激发起另一方面的力量(譬如身体)。

第三章 迈向活力的巅峰

远离亚健康

在竞争十分激烈的当代社会，人们的疲劳感正在蔓延，最流行的问候语由10年前的"吃了吗"变成了如今的"吃力吗"。在我们的周围，不乏这样的"工作狂"，他们早上班、迟下班，整日整夜地工作，连星期天、节假日也不休息。很多人年纪轻轻健康就已经严重损毁，甚至发生"过劳死"。

"过劳死"就是在慢性疲劳综合征基础上发展、恶化的结果。而慢性疲劳综合征，是以持续或反复发作至少半年以上的虚弱性疲劳为主要特征的症候群，特点是从生物学上（指临床体检、化验等）查不出明显的器质性病变，但自我感觉很累，工作时无精神，生活中缺少乐趣，而且常伴有抑郁、焦虑等情绪反应，也就是处于一种似病非病的第三状态，即亚健康状态。

刚过而立之年的美术师汤姆森先生，虽说工作、生活都还算过得去，但地位、收入都平平。他不甘心，四处活动，做了好几个兼职，集艺术学校美术教师、广告公司创意总监、美展中心顾问于一身，一个星期几头跑，名声大了，腰包鼓了。正当他春风得意之际，身体向他抗议了，他用一个字来概括：累！每晚回到家里，觉得骨头都要散架了，一上床那些莫名其妙的梦便来烦他。

安东尼已近40岁，典型的上班族，最怕夜晚来临。因为不知从什么时候开始，他成了没有睡眠的人，几乎用尽了除药物以外的所有土法洋方，也未能解决失眠问题。不仅如此，食欲下降、神经衰弱等症状也相继赶来凑热闹，去医院又查不出什么问题。

疲劳，是一种信号，它提醒你，你的机体已经超过正常负荷，出现疲劳感就应该进行调整和休息，做到劳逸结合，张弛有度。如果长期处于疲劳状态，不仅降低工作效率，还会诱发疾病。

人体就像"弹簧"，劳累就是"外力"。当劳累超过极限或持续时间过长时，身体这个弹簧就会产生永久形变，导致老化、衰竭、死亡，所以每个人都要小心地保持它的弹性，不要超过它的弹性限度。因此，适当的休息和减压是保持"弹力"的良方。"过劳死"只能预防，"累"病没有特效药，病程越长越难治，病程要是超过三四年的话，治疗会相当困难。劳逸结合才能保持弹性，增加承受力，保持旺盛的生命力。人都要学会调节生活，短途旅游、游览名胜、爬山远眺、开阔视野、呼吸新鲜空气、增加精神活力、忙里偷闲听听音乐、跳舞唱歌、观赏花鸟鱼虫都是解除疲劳，让紧张的神经得到松弛的有效方法，也是防止疲劳症的精神良药。

日本"过劳死"预防协会列出"过劳死"10大信号：

（1）"将军肚"早现。30～50岁的人，大腹便便，是成熟的标志，也是高血脂、脂肪肝、高血压、冠心病的潜在危险信号。

（2）脱发、斑秃、早秃。每次洗桑拿都有一大堆头发脱落，这是工作压力大，精神紧张所致。

（3）频频去洗手间。如果你的年龄在30～40岁之间，排泄次数超过正常人，说明消化系统和泌尿系统开始衰退。

（4）性能力下降。中年人过早地出现腰酸腿痛，性欲减退或男子阳痿、女子过早闭经，都是身体整体衰退的第一信号。

(5)记忆力减退,开始忘记熟人的名字。

(6)心算能力越来越差。

(7)做事经常后悔,易怒、烦躁、悲观,难以控制自己的情绪。

(8)注意力不集中,集中精力的能力越来越差。

(9)睡觉时间越来越短,醒来也不解乏。

(10)经常头疼、耳鸣、目眩,检查也没有结果。日本"过劳死"预防协会还公布了自查方法:具有上述两项或两项以下者,则为"黄灯"警告期,目前尚无须担心。具有上述3~5项者,则为一级"红灯"预报期,说明已经具备"过劳死"的征兆。六项以上者,为二级"红灯"危险期,可列为"综合疲劳症"——"过劳死"的预备军。三种人易"过劳死":

(1)有钱(有势)的人,特别是其中只知消费不知保养的人。

(2)有事业心的人,特别是称得上"工作狂"的人。

(3)有遗传早亡血统又自以为身体健康的人。人类为何会与"过劳伤害"或"过劳死"结缘呢?科学家归咎于以下诸方面因素:一是技术革命带来的负面影响;二是社会竞争的加剧;三是人们错误地认为不加班或休假是工作态度不积极的表现,进而影响到工资待遇与晋升,因而不得不以健康为代价拼命工作。

我们常说,不会休息的人就不会工作。这句话精辟地概括了休息与工作之间的辩证关系,也是现代人防止"过劳伤害"的"灵丹妙药"。

什么叫"会休息"呢?现代科学赋予的含义是主动休息。近年来,科学家提出了一种全新的休息方式——主动休息。即在身体尚未感到疲乏和心境达到临界状态时就休息,包括主动休身和主动休心。这是一种积极的休息方式,比起累了才休息的被动休息法有着质的进步。

掌握生活平衡

安妮花了五年时间思考,今年终于决定改变工作,重新安顿身与心,她领悟到,工作中的快不快乐,可能只是 5.1∶4.9 的微差而已,中间有个阶梯,你可能爬到中间的梯子拥有恰好的平衡,也可能只走了一阶。即使如此,你也在进步,平衡尺上的浮标又往前游移一格。

安妮有个生命平衡法则,用来制衡工作与生活。她将生命切成健康、时间、自由与快乐等四块,视个人状况分配比重以及排序。如果每个元素都不缺,反映到工作中的态度与情绪,就比较平和,因而获得适当的平衡。长期处在平衡中,就能正向积极思考。许多专家呼吁,积极思考可以调适工作压力,清除不必要的情绪,上班族多亲近正向思考的人,能减少倦怠感。

具体做法是,如果将事情弄得很糟时,只允许情绪低落一下子。她很快会换个想法,太棒了,我们又学到一招,下次又有机会尝试其他处理方法,我们不因此认为自己很差劲。

学会工作也要学会休息。

在职场上学习让自己喘口气,是一门学问。琳达,一个中型电脑公司的总经理,她一年至少休一次长达两星期的假,半年内会有几次短短两天的假,不一定出国,有时只是到山里或海边走走。

如果感觉莫名的倦怠迫在眉睫,休假又遥遥无期,试着忙里偷闲吧。一位女作家透露她平时如何排解倦怠:"我偶尔请个半天假,溜去街上晃晃、逛书局或找个清幽的咖啡店想事情。在忙碌中留点空间给自己,因为塞得太满容易窒息。"

美国石油大王洛克菲勒在平衡工作与生活关系方面可谓是一个专家。谈起工作和生活,他说:

这么多年以来,我执行的原则就是好好工作,好好享受,花一点时间来当父亲。但是回头看去,很显然我所选择的平衡对于我家里和办公室的其他人都有不利的影响。例如,我的孩子们主要是由他们的母亲独自带大的。

尽管工作与生活的平衡问题一直是很多中年人所关心的问题,但似乎直到我退休之后,它才真正热门起来。在我过去的工作中,我听到了许多这方面的问题。最常见的是:"你怎么会有那么多的时间去打球,还能继续干好总裁的工作?"

在个人应该如何排列生活中各部分的优先次序的问题上,我显然不是专家。何况我一直以为这些选择应取决于个人。

洛克菲勒认为要平衡好工作与生活的关系,首先应该处理好管理的优先秩序问题。他是这样说的,我们首先要谈谈所谓的"工作与生活的平衡"究竟指的是什么。它涵盖了我们所有人应该如何管理生活、支配时间的问题——关于优先次序和价值观的问题。基本上,这个平衡是关于"我们应该把多少精力消耗在工作上"的讨论。

工作与生活的平衡是一个交易——你和自己之间就所得和所失进行的交易。平衡意味着选择和取舍,并承担相应的后果。让我们站到你的老板的视角上,换个位置对工作与生活的平衡问题做些思考。

(1)你的老板最关心的事情是竞争力。当然他也希望你能快乐,但那只是因为你的快乐能够帮助他的公司赢利。实际上,如果他的工作做得好，他就可以让你的工作变得很有吸引力，使你的个人生活显得不那么拖后腿。

老板给你付工资，是因为他们希望你贡献所有的一切——包括你的头脑、体力、活力和献身精神。

（2）绝大多数老板都非常愿意协调员工的工作与生活的矛盾，如果你能给他出色的业绩。这里的关键词是"如果"。

实际上，我倒愿意通过一个老式的积分系统来处理工作与生活的平衡问题。那些有突出业绩的人可以获得"积分"，用以交换自己工作的弹性。

（3）老板们很清楚，公司手册上面关于工作、生活平衡的政策主要是为了招聘的需要，而真正的平衡是由一对一的谈判决定的，其背景是一个相互支持性的企业文化，而不要总是强调："但是公司说过……"

公司手册是件华丽的宣传品，有醒目的照片、多项终身福利的介绍，也包括倒班或工作弹性等。然而许多聪明人很快就明白，手册上所列举的"工作与生活的平衡规划"主要是面向新人的招聘工具。

真实的平衡安排是在老板与员工之间就具体问题进行单独谈判得到的，使用的方法正好是我们刚介绍过的业绩与弹性交换的制度。

（4）那些公开为工作与生活的矛盾问题而斗争、动辄要求公司提供帮助的人会被当作动摇不定、摆资格、不愿意承担义务或者无能的人，或者以上全部。因此，那些消极抱怨的人最后总免不了被边缘化的命运。

所以，在你第五次开口，要求公司减少你的出差，要求在星期四上午请假，或者希望回家去照顾小孩之前，你应该知道自己是在发表一项声明。而且不管你用什么辞令，你的请求在别人听来都似乎是："我对这里的工作并不真的感兴趣。"

（5）即使最宽宏大量的老板也会认为，工作和生活的平衡是需要你自己去解决的问题。实际上，绝大多数人也知道，的确有一些策略能帮助你处理好这个问题，他们也希望你能采用。

毫无疑问，谈判、协调这种平衡关系要给经理人的工作再增加一层复杂性。但是你的经理人应该欢迎这种挑战，因为那会给他提供另外一套办法来激励和挽留优秀的员工。这套新办法与高薪、红利、晋升或其他所有形式的认可一样有效。

不过，在此期间，你也可以并且应该学会帮助自己。有关工作与生活的话题已经讨论了相当长的时间了，也有不少好的经验被总结出来。那些非常老练的老板都知道这些技巧，很多人自己已经开始采纳，他们也希望你能借鉴。

通过上面的一段话，我们知道有能力平衡工作和生活是一个人取得事业上成功的关键因素，也是很多企业在招聘员工时的重要参照标准。一个能够出色处理工作与生活平衡的人既不会像工作狂那样拼命地忠于工作，不顾生活，也不会像一个碌碌无为、毫无事业心整天混日子的小职员那样打发时光。他应是一个高效工作、精力充沛、富于生活情趣的人。

第四章　简单才能快乐

放下包袱

在我们之中有许多人不只是急着找出是谁让我们感到备受压力与痛苦,而且还将这些资讯储存分类,以便日后运用,我们将之称为"包袱处理"。因为不久后我们会累积许多痛苦,需要将之封入行李箱中,倘若我们有一整批这样的包袱,甚至需要雇人携带着它们。

我们之中有许多人将精力耗费在记恨上,仿佛需要维持那些使我们感到不好的事情。在我的公司中,有一项练习是使名人们了解自己包袱处理的癖性,很多人都被结果给吓着了。我要大家各自找一个搭档,并描述多年来累积的负面事情,聆听的那一方必须回说:"那真可怕,再多说一些。"五分钟后,则接着叙述发生过的美好事情。当我要他们停止叙述负面事情时,她们都表示自己还可以说得更多、更多,然而在停止分享正面的事情前,很多人早就讲不出来了。她们承认要分享美好的事物比较困难。若只单单回想自己上周的心绪,我猜大家马上可以记起那些令自己烦心的事,然而若是要我们回想美好的部分,我们可能说不出话来。

很重要的是区分什么需要在意,什么需要放弃?

一只倒霉的狐狸被猎人用套套住了一只爪子,它毫不迟疑地咬断了那只小腿,然后逃命。放弃一只腿而保全一条生命,这是孤独的哲学。人生亦应如此,当生活强迫我们必须付出惨痛的代价以前，主动放弃局部利益而保全整体利益是最明智的选择。智者曰："两弊相衡取其轻，两利相权取其重。"趋利避害，这也正是放弃的实质。

人之一生，需要我们放弃的东西很多，古人云，鱼和熊掌不可兼得。如果不是我们应该拥有的，我们就要学会放弃。几十年的人生旅途，会有山山水水，风风雨雨，有所得也必然有所失，只有我们学会了放弃，我们才拥有一份成熟，才会活得更加充实、坦然和轻松。

比如大学毕业分手的那一刻，当同窗数载的朋友紧握双手、互相轻声说保重的时候，每个人都止不住泪流满面……放弃一段友谊固然会于心不忍，但是每个人毕竟都有各自的旅程，我们又怎能长相厮守呢？固守着一位朋友，只会挡住我们人生旅程的视线，让我们错过一些更为美好的人生山水。学会放弃，我们就有可能拥有更为广阔的友情天空。

放弃一段恋情也是困难的，尤其是放弃一场刻骨铭心的恋情。

譬如说，你爱上了一个人，而她却不爱你，你的世界就微缩在对她的感情上了，她的一举手、一投足，衣裙细碎的声响，都足以吸引你的注意力，都能成为你快乐和痛苦的源泉。有时候，你明明知道那不是你的，却想去强求，或可能出于盲目自信，或过于相信"精诚所至，金石为开"，结果不断的努力，却遭来不断的挫折，弄得自己苦不堪言。世界上有很多事，不是我们努力就能实现的，有的靠缘分，有的靠机遇，有的我们能以看山看水的心情来欣赏，不是自己的不强求，无法得到的就放弃。

懂得放弃才有快乐，背着包袱走路总是很辛苦。

我们在生活中，时刻都在取与舍中选择，我们又总是渴望取，渴望着占有，常常忽略了舍，忽略了占有的反面：放弃。懂得了放弃的真意，也就理解了"失之东隅，收之桑榆"的妙谛。多一点中和的思想，静观万物，体会与世界一样博大的诗意，我们自然会懂得适时地有所放弃，这正是我们获得内心平衡，获得快乐的好方法。

一个人老是背着沉重的包袱，许多状况不过是徒耗精力罢了。我常要人们写下他们的压力来源，一定有人会说当他们的同事延长午餐时间，就会扰乱他们，有个女人一再地表示这有多么恐怖。我问她这状况持续多久了，她说已 20 年了，20 年来她一直为此生气，并就此点警告周围的同事。

接着我问她如何解决这个难题，她说没有一种有效，没人能使得上力。我们的行为就如轮回般重复不停，总教我惊讶不已。当然，这会让他人有机会掌控我们的心情。我们不是常说些"你让我感到（不快乐、生气、伤心、烦心）……"，或是"你让我发狂，我无法忍受你的行为"。我母亲就是最好的例子。每当我们争执时，她就会提及生我时的往事，她说："当初生你是个痛苦，直到现在还是一样。" 50 年后，她还是这句老话！

当我们有许多包袱时，要逃离它们总是困难重重。愤怒教我们的生活变得迟缓、无心工作、无心和孩子们说话，或是计划度假。倘若我们一心一意地徘徊在昨夜与老婆的争吵中，那么，是放掉这些包袱的时候了。

一旦我们察觉到他人的行为影响到我们时，我们有许多选择。我们可以心平气和地议论它或改变自己的态度，甚至是释放它（任由它去、不管它）。自从我们喜欢凡事追根究底后，释放可能是人性中最难以做到的行径之一。

下述有些点子，能试着把包袱处理这个想当然的感觉变为毫无意义：

（1）有时想一想那些结果证明是如意的事情。这样的思考方式能够创造幸福的感觉和乐观的心情。我时常回想祖父母为我做的一切，祖父将我从小马车抱出来，赏我冰淇淋的景象时常出现在我的脑海里，令我感到被爱，感受到自己充满祝福。

（2）每当我们无法超越过去的罪愆时，把它们想象成栖息在自己背后的一只怪兽，并大声地喊出："滚开！"

（3）倘若生活遗留给我们悲伤与不满，也许趁现在找个代理人，再次创造出令自己满足的生活也是个不错的方法。许多人自愿被收养，在这样给予爱的家庭里，充满着爱我们的父母、祖父母、叔叔阿姨等，专门关爱那些来到这里的访客，这些人可能一生都未曾得到关爱与呵护。这样的社会服务机构有待被发掘。

（4）为自己和家人创造一套价值体系。这样的体系能够帮助我们活出更一致的生命。别再用过往的包袱责备自己。避免说："我不要再像老爸一样白痴了！"而是说："我珍重内在的宁静与和谐，所以我会保持镇静。"别对孩子们说："把自己背后清理清理，否则你会像你叔叔一样地邋遢。"而是教导他们负责的价值观。

（5）写下自己的悼念文和墓志铭。我们最能使上力的事情之一是什么，认真地思考，我们希望人们记得自己什么，这会给予我们方向与目标。让我们期待人们在哀痛我们辞世的同时，还能发现我们留下这一页充满爱、欢笑以及活力的回忆。

保持快乐与活力

不管是职业女性还是家庭主妇，她们都有各自不同的烦恼。对于职业女性来说，工作上的压力让她们觉得有些喘不过气来，而对于家庭主妇来说，婚姻的问题、家庭的烦恼则是一直困扰着她们的难题。曾经不止一位女士和我抱怨过："卡耐基先生，为什么我的生活总是不能丰富多彩？为什么我与快乐永远无缘？难道说是我做错了什么？"当我问她们为什么不让自己保持住快乐与活力的时候，这些女士往往会大喊道："什么？你以为我们不想吗？可是生活、工作上的压力让我们无法抬头，更别说是有闲心去玩乐了。"

其实，女士们有这样的想法不奇怪，但我却不赞同。实际上，很多男人要比女士们聪明一些，因为他们知道让自己保持快乐与活力的方法。你看，他们经常会把一些时间花费在自己的嗜好上，这样当他们再一次重返工作岗位的时候就精神焕发了。那么，女士们为什么不让自己保持住快乐与活力呢？你们不妨效仿男人，找时间做一些家庭以外的事情。这种方法很有效，它可以调节你的心境，使你能够有更好的心态去处理工作和家务。

我让女士们这么做并不是没有理由的，事实上，并不是繁重的工作和家务使女士们感到疲惫不堪。真正的罪魁祸首其实是生活中的单调、无聊和烦闷。其实，很多聪明人会花费大量的时间来游戏，而且游戏的时间一点都不比工作时间少。他们这么做就是为了让自己的生活内容有所改变，从而让自己有新鲜和有趣的感觉。

拿职业女性来说，很多职业女性都把自己的时间看得非常宝贵，因为她们每一天、每一周的大部分时间都是在公司度过的。当你让她们去做一些工作以外的事情时，她们总是会说："不，那不可能，我必须抓紧一切时间来好好休息一下，因为我太累了。"我不这么认为，其实女士们不如利用周末的时间去听听音乐，要不就去孤儿院帮忙，或者做一些其他能够展现你们个性的事情。

别小看它们，它们往往可以给你带来很多新的观念。

的确，保持快乐与活力能够让人忘记很多不愉快的事情；相反，如果我们总是让一些不愉快的、令人生厌的、死气沉沉的事情陪伴左右的话，那么我们的生活将会变得一团糟。我记得有一篇这样的文章，上面讲述了一个精神病患者的故事。这位精神病患者有一个不快乐的童年。在他小的时候，父母经常会把有关金钱、生活和其他不愉快的事情搬到餐桌上来争论。这种做法让这个可怜的孩子很难受，因为他每次都有一种想把吃进去的食物呕吐出来的感觉。

于是，我在看完这篇文章之后，就在家里立下一个规矩，那就是只要是在吃饭的时候，谈论的话题必须是有趣的、愉快的。就这样，每天的晚餐成为我们家人互相联系感情的重要时间，每个成员都可以在这时享受快乐的滋味。在我的记忆中，我和桃乐丝很少发生争吵，因为我们为了让自己每天都保持快乐和活力，总是找一些有趣的话题来交谈。

女士们，就算你们忘记了前两条，也一定要牢牢地记住第三条，因为健康对于每一个人来说都是最宝贵的。华盛顿健康中心的道尔博士经过研究发现，人如果每天都生活在痛苦、烦恼、沮丧和不安中，那么他们患上疾病的概率要远比那些终日充满活力，感到快乐的人大得多。博士进一步解释说，快乐是指情绪上的。如果你每天都能保持快乐的情绪，那么你就不会有压力。这样，你患胃溃疡、头疼等病的概率就小了很多。而活力则是支配人做事的动力，如果你每天都充满了活力，那么你就不会觉得生活和工作的压力很大；相反，你会觉得处理一切都是得心应手的。

没错，女士们，如果你们可以找一些事情让自己每天都保持快乐与活力的话，那么你们就可以有清醒的头脑去判断事物的价值了。道理很简单，女士们如果以乐观向上的态度把你们的精力放在那些值得做的事情上的话，那么你们就不会重视那些终日给你制造麻烦的琐碎小事。这样一来，你们的精力就会集中起来，也会让你的家变成梦想中的快乐之园。每一个生活在园中的成员都能够公平地得到愉悦。

那我们究竟该怎么做才能让自己永远保持快乐与活力呢？其实很简单，那就是结合自己的性格，培养一种或几种自己喜欢的爱好。女士们不妨这样做，你们可以先想想是不是有什么事自己一直都想做，或是曾经很想做。这并不难，因为如果你自己细心观察的话会发现，其实在你身边有很多活动都非常有价值，即使你只是住在一个小小的村庄里也是一样。如果女士们真的实在想不到到底自己喜欢什么，那么你们就买本介绍各种俱乐部或机构的杂志，说不定能从那里找到答案。

《快乐生活指南》这本书的作者克拉泽曾经在一次公开的演讲中说："我们必须承认，不管做什么事情，当它失去新鲜感之后，那么就会变得毫无意思。如果我们能够在生活中找一些新的兴趣和爱好，那么就可以给我原本枯燥乏味的生活带来非常大的变化，也会让我们的工作和家庭关系永远保持新鲜感和乐趣。至于说这么做的好处，我想没必要多说。"

我的观点和克拉泽完全一样。如果女士们如今已经感到对生活毫无兴趣可言，终日都觉得枯燥、无聊的话，那么女士们就赶快找一些感兴趣的事，并且尽力把它做好。这无非是想让女士们每天都保持快乐与活力，当然这也是一件有百利而无一害的事情。

第七篇
做幸福的女人

第一章　机敏地抓住幸福

做有格调的女人

你们认为什么样的女人才是男人最喜欢的？大多数女士肯定会这样说："男人当然是最喜欢有魅力的女人了。"女士们说出的答案是有道理的，男人的确是喜欢魅力十足的女人。可是，要想获得男人的爱，光有魅力是不够的，女士们还需要让自己有格调。

的确，有格调的女人最能打动男人的心，因为男人在粗犷的外表下同样有一颗渴望浪漫的心。格调虽然不能与浪漫等同，但格调却能制造出浪漫。格调其实是一种对生活品质的追求，要求注重个人的享乐，而且还要有品位地进行文化消费。

那么，究竟怎么做才算有格调呢？坐在高级餐厅，品红酒、听音乐是格调；安静地坐在音乐厅欣赏交响乐是格调；悠闲地坐在咖啡馆，喝着咖啡，风雅地抽着女士香烟也是格调……

很多女士都把格调和上面那些高级场所联系起来，认为格调是一种奢侈的享受，永远与普通人无缘。事实上，女士们这种想法是错误的，格调是一个女人对生活的品位，是一种思想感情所表现出来的格调。格调与金钱、地位其实没有一点关系。

美国著名心理学家唐纳德·卡特曾说："现代人面临的压力越来越大，很多人都不堪忍受。因此，不管是男人女人，都需要找到一种方法来缓解这些压力。我认为，最好的也是最有效的方法就是以格调来调节生活。格调能让生活变得多彩，也能让你从中体会到快乐。当然，这些不需要花费你很多钱。"

英国顶级服装设计师乔治·德莱尔也说过："格调其实并不是一种奢侈的东西，只要你愿意，每个人每天都可以过得很有格调。举个例子，假如我给你一筐梨，里面有一些是烂的，那么你该怎么处理？有人会说先吃烂的，因为那样可以给自己节省下一部分。可是，当你吃完烂梨的时候，发现原来好的也已经变烂了。这样，你吃到的永远是烂的。也有人说先吃好的，因为那样可以让自己享受到美味。可是，当你吃完好梨的时候，那些烂梨已经没法要了。这样，你就浪费了很多。其实，你只要动动脑筋就可以了。为什么不把烂的那部分挖掉，然后煮成梨糖水，并在这个过程中把那部分好梨吃掉？这可是一举两得的好办法。显然，这不会花费你很多的时间和金钱，然而却可以让你的生活变得有格调起来。"

只要你们有一颗热爱生活的心，那么你们就一定可以通过格调来让自己的生活发生改变，也同样能用格调获得男人的爱。女士们一生要扮演很多角色，女儿、女友、妻子、母亲，而如果你们能够将每个角色都做得尽善尽美，让自己的生活充满格调的话，那么你的心情将明媚许多，你身边的人的心情也会明媚许多。

有格调的女人深知自己最需要的是什么，她们会安排好自己的生活，也会维护好自己生命中最重要的东西。只有懂得格调的女人才能真正地爱别人，也才能让自己真正地快乐起来。而只有女人自己快乐了，她身边的男人才会快乐。爱情虽然是个很难说清楚的问题，但快乐却是爱情中不可缺少的因素。

实际上，要想获得一份永恒的爱，懂得制造有格调的爱情也是很重要的。很多女士认为爱情就是两个人互相喜欢，互相帮助，然后组建一个家庭,生儿育女。的确,现实中的生活就是这样,然而爱情是一个浪漫的词语,它无时无刻不需要格调来调试。没有格调的爱情将是枯燥乏味的。

不过,女士们必须清楚,男人喜欢有格调的生活,更渴望有格调的爱情。因此,如果女士们想让你中意的男人喜欢你,那么你们就一定要做个有格调的女人。

机敏地抓住幸福

我妻子桃乐丝曾经借助我的培训班搞过一次调查。她让那些参加课程的女士说出自己对爱情的认识,并且还要坦白说出自己在爱情方面曾经做过的最后悔的事。在调查之前,我和桃乐丝都认为,大多数人一定会反省自己在与伴侣相处时所犯下的错误,说出自己的不足,并且也一定会下决心改正。然而,结果却和我们预料的大相径庭。很多女士居然说对现在的状况不满意,让她们最后悔的事竟然是当初没有选择另外一位更好的男士。从那以后,我花费了很多时间和精力来研究这种现象,最后得出结论:很多女士都不具备抓住幸福的能力。

事实上,很多女士虽然知道该如何挑选伴侣,却由于各种原因丧失掉了机会,从而让幸福从指尖溜走。她们不是不知道该怎么挑选一个好男人,也有一双挑选好伴侣的"慧眼"。然而,她们的本性太过"贪婪",总是认为自己目前遇到的不是最好的,而后面将要遇到的才是最棒的。结果,她们将机会一次次地放过,直到有一天发现自己已经没有挑选的资本时才开始着急。可是,机会一旦错过就不会再回来,以前那些优秀的男士已经各自找到了伴侣。如今，只剩下了那些"永不知足"的女士。

我坚信世界对待每一个人都是公平的。每一位渴望得到爱情和幸福的女人的机会都是平等的。然而，人类是最难以捉摸的生物。每个人对待眼前的机会都有着不同的态度。那些懂得珍惜、善于发现，并能够机敏地抓住机会的人最终都得到了幸福，而那些抱着玩世不恭或是犹豫不决态度的人则放任机会溜走，从而与幸福擦肩而过。

还有另外一些女士，她们往往各方面的条件都非常好，而且还都很年轻。正因为这样，这些女士对爱情没有正确的认识，把年轻、感情和幸福看成是可以挥霍的资本。她们交男朋友，但是只谈情不说爱。对于她们来说，恋爱不过是一场游戏而已，而她们就是游戏里的主角。至于说该选用谁来充当配角，那完全要依靠她们的喜好。在她们看来，只有等到自己玩累了的时候才应该真正考虑一下是不是该结婚。

没错，在以前的时候是会有很多配角和她们这些主角一起玩游戏。然而，随着时间的推移，那些配角或主动或被动地都退出了游戏，继而在一个新的游戏中寻找自己的位置，并且担当了主角。可是那些女士还在玩耍，还在自我陶醉。当有一天她们发现自己已经没资格做女主角的时候，她们感到累了，想要组建家庭了。可是，她们突然发现，这时候已经找不到一个像样的配角了，甚至于就算她们甘当配角，也没有人愿意再和她们一起游戏。

那么，女士们究竟应该怎样做才能让自己抓住幸福呢？我有几点建议送给女士们，希望能给你们提供帮助。

明确知道自己喜欢的类型；

不要这山望着那山高；

千万不要认为年轻就是资本；

在幸福面前不要犹豫。

女士们,幸福是要靠自己争取的,绝没有天上掉下来的幸福。要想让自己获得幸福,你们就必须练就一双识人的慧眼,拥有一份主动出击的勇气,然后看准机会,机敏地抓住幸福。只有这样做,女士们才能让自己拥有一段美满幸福的婚姻。

第二章 你的爱情你掌控

及时启动你的人格魅力

成功恋爱其实是个大工程，毕竟男人是有头脑、有理智的动物，不是女人手中的毛绒玩具，要想成功俘获男人的心，除了有切实可行的作战计划，还必须对男人足够了解，掌握他的情感发生发展过程，这样才能达到知己知彼、百战不殆的效果。

总有女人说，我更希望他被我的内在美吸引。这样的言论往往又会遭到猛烈的抨击，通常人们认为男人天生是好色的，内在美在他们那儿是不起作用的。

这似乎很有道理，可是为什么我们还能见到一个外表平平的女人身后却站着一个才貌出众的男人？不必大惊小怪，这不是个案，而是一个普遍道理。一个女人能够得到众多女人心目中的白马王子，必然有她的过人之处，有她与众不同的独特魅力。

那么，到底是外表更吸引男人，还是内在的魅力更吸引男人？要想获得恋爱成功，二者缺一不可。

男人毕竟是视觉动物，他们更注重视觉上的感受，如果不能在视觉上留住他们的眼球，又怎么会有机会与他们进一步交往呢？一般来说，只有当男人对女人的外形产生兴趣的时候，他才会愿意跟这个女人进一步交往。

但外表的吸引毕竟是暂时的，没有谁的外表能美到让人一辈子都看不厌，而真正能让男人动心的还是女人的内在魅力。只有当男人被女人的智慧和气质所吸引的时候，他才会对这个女人越来越感兴趣，越来越欣赏，直至产生真爱。

也就是说，女人若想让男人对自己倾心，就必须内外兼修，并时刻做好"换挡"的准备，以适时展现自己的内在魅力。

恋爱之初，女人必须想办法让男人对自己的身体感兴趣——注重外表，用心装扮，争取让自己的身材、容貌、发型、眼神、笑容等都能让男人浮想联翩。这时候，不必忙着和他进行心灵交流，让他胡思乱想去吧。再说此时他也没心思交流，你说什么他不愿意听，也听不进去，因为他的注意力只在视觉感受上。这是男人的天性。

当他恢复理智，不再过分关注你的身体，而是开始思考你"是个什么样的女人"的时候，你就要"换挡"了，抓住机会，及时展示你的内在魅力。这时候的主要方法就是与他进行思想和精神上的交流。但是，交流的同时你还必须想办法保持男人对你的兴趣，让他总是渴望接近你，不过，你要掌握好度，否则他就无心听你说话了。

交谈内容是很重要的，千万不要说一些高深或枯燥的东西，如果让对方觉得自己在听学术报告，那么他对你的兴趣就会立刻大减，你的努力也就全白费了。你应该保证你们之间的交谈是充满乐趣且带有情趣的，不妨掺入一些幽默因子。你可以向他提一些他比较感兴趣的话题，与他共同探讨，这样既可以了解他的看法，同时也让他见识一下你的智慧。

这一点是很重要的。随着你们交往程度的加深，要想不让男人产生"你就是个中看不中用的花瓶"的想法，你必须充分展示你头脑的作用。

如何展示你的智慧是一种方法问题，你要把握好时机和场合，知道如何引起对方注意，且不会让对方觉得你很露骨；要让自己看起来很风趣，善于谈论充满智力因素的话题，并能以打趣、调侃的方式给予点评和总结；在交谈中，一旦发现男人的注意力开始下降，能马上转换一下话题，将他的思绪拉回来……最关键的是你能随时"换挡"。

毫无疑问，如果你能与男人自如地交流，让男人觉得你是一个头脑灵活、有思想内涵、幽默风趣、举止大方的女人，他就会更加关注你。如果你再懂得适当地调情、挑逗、打趣，他就会对你们的交谈念念不忘，渴望与你的下一次相见。

如果你遇到的是非常聪明的男人，你也没必要底气不足。不管他多么聪明，你都应该相信自己肯定知道一些他不知道的东西，而在谈论这些他不了解的话题时，他就会显得特别有兴趣，对你也会更加刮目相看。

给爱情确定规则

世界上到处充满了明显或隐藏的规则，规则的作用是约束人们的行为，使事情朝着有利于大多数人的方向发展。爱情也有规则。男女之间的爱情，就像骑双人自行车，只要有一个人没有掌握好平衡，就无法顺利前行。两个人在一起，而各自都有多年养成的生活习惯、行为准则或者思考方式，如果不事先做一个规范，很有可能会引发情感危机。如果你想和对方拥有长期的情感关系，就必须建立并使用相应的规则，以实现你们的目标。

女人在大多数情况下是感性的动物，女人的直觉在任何时候都很有用，但是女人却不能过分信任自己的心灵，比如，如果你完全按照心灵的引导行事，那么你就可能把自己所能看到的那些流浪动物统统带回家，然后你必须花大部分时间来照顾它们，直到你筋疲力尽为止。在感情的路上也是一样。假如你完全用你的心灵去感受，那么一个十恶不赦的人在你的眼中也有可能十分完美。最为实际和聪明的做法是，你只能用你的心灵去感受，用你的头脑去做出判断，并实施灵活、有效的行动。要充分地实现这一目标，使爱情朝着良性的方向发展，你只能依据那些依靠理性制定的规则与对方交往。这样，你的心灵才不会盲目主宰你。恋爱中的爱情规则是你行动的指南，是你情感的保护伞，也是你心灵的智囊团。

行走在公路上的人和交通工具必须遵守"红灯停、绿灯行"的交通规则，否则每天都会有数不清的交通事故发生。同样，如果你没有告知男人你有爱情规则，容许男人犯了太多错误却仍让其"逍遥法外"，那么受到伤害的必然是你自己和你们的感情。因此，必须坚持实行你的个人原则，千万不要动摇。规则并不是控制，有时它也是一种关心。

如果对方违背了你们的规则，那么你必须及时地向他表示不满。不管采取哪一种方式，你的表述都要明确、简洁、一针见血，不要留给对方讨价还价的余地。你很有可能认为，只要对方稍微花一点时间，他就会认同你的规则，遵守你的规则，给予你应有的尊重。比如，不管他在你面前表现得多么粗鲁和无礼，也无论他如何拒绝遵守你们交往所确定的基本标准，你也认为你们早晚会越来越好。但是实际上，即使在若干年后，你会发现你的纵容只是使他更进一步地破坏这些规则，你的规则对他来说不值一提！

当然，如果他抱怨你的爱情规则过于苛刻，看起来不愿意遵守，那么你大可以掉头走开。如果你觉得很难离开对方，就降低了自己的标准，废除一些甚至全部的爱情规则，那么设想一下，假如让你经受几个月乃至几年不断的伤害，那会是怎样的一种感觉？因此，假如真的出现了上述情况，你最好果断地放弃这段感情，不要有任何犹豫。

我们在谈论的这些规则，看起来都是很严厉的限制条件，但实际上，只要彼此尊重、彼此在乎，很多规则都不难做到。制定规则当然至关重要。在制定规则的时候，应当小心谨慎，因为你自己也要遵守它们，甚至要以身作则，给对方树立好的榜样。遗憾的是，不少女人却在爱情规则上同样设定了过多的双重标准，只给男人设定雷区，自己却没有丝毫的禁忌，这样明显很不公平。这些爱情规则是为了长期交往所确立的必须遵守的规则，有了这样的标准，即使你们的关系最终破裂，那也只能证明你们的确并不合适，但你不会有被对方欺骗的感觉，你们谁也不会受到伤害。对于这一点，男人们是能够清晰辨别的。

男人是不会因为你确立了某种规则就离开你的，除非你们本来就不合适。当然，在制定规则的时候，要尽可能地公正和客观而不是随意地制定，同时，要根据实际操作情况不断修改和补充。更加重要的是，不要滥用这些规则。男人可能会暂时忍受你用各种规则去对他进行约束，但是当他的目的达到之后，他会伺机实施报复，把你放回属于你的位置上——那就是不留情面地把你甩掉。在执行规则的时候，也不必过分严厉，在确定你的规则不可违背的前提下，你的态度应该是宽容和友善的。假如对方是初次犯规，你可以给予对方警告，而不是仅仅这一次就撕破脸皮，和他一刀两断。每个人都有缺点，都有可能犯错，你应当了解问题的实质,看看能否解决它们。毕竟,一个没有任何出息的失败者和一个偶尔犯错的男人是有差别的。

在清楚地认识到爱情规则的制定、执行等方面的问题后,下面为你提供一些实用的规则。当然,不是每个人都必须把下面的每一条都列入自己的爱情规则之中,具体情况要具体对待。

严禁对对方辱骂或过分粗鲁。

严禁约会总是迟到。

严禁偷偷约会别的对象或者对对方不忠诚。

严禁恶意地撒谎。

严禁在某项共同活动开始之前的四个小时内突然取消计划,除非是某种不可抗力的原因。

严禁恶劣的言行举止。

严禁总是忘记给对方打电话,尤其是以"我没有时间"为借口。

第三章　打造幸福婚姻的黄金法则

选择正确的时机与男人交流

很多女人都会犯这样的错误：她们总是在不恰当的时机向男人倾诉，使好事变成坏事。原来女人和男人做亲密交流的目的在某种程度上是为了加深两个人的沟通，但是往往却变成了释放个人压力的途径，因而说个不停。为了找到倾吐个人感受的途径，女人往往不是针对某个问题大肆抱怨，就是无意识地导致激烈的争执。

时机，是决定人生幸福和日常交流质量最重要的因素之一。女人选择恰当的时机对于亲密的交流至关重要，因为它能够影响到男人的感受以及倾听她肺腑之言的能力。下面是一些女人因为交流时机不对而经常犯的错误：

（1）男人答应做某件事情却没有做，女人可能感到很生气，她会不露声色地等待时机。当男人愉快地从事某种放松性或娱乐性的活动，比如读书或看电视时，女人就会趁机指责男人的错误。

（2）女人不赞成男人的一些处理事情的方式，比如不赞成男人教育孩子的方法，她就会等待机会，当孩子不听话或表现不佳时，趁机把这件事情提出来。

（3）女人希望男人在一些事情上请求自己的帮助，但男人却一直没有提出来，等到男人提出来的时候，她就会趁机抱怨，说自己总是有太多的事情需要做。

（4）女人想要更多地跟男人在一起，直到某一天，当男人同时约上别的朋友外出活动时，她就会趁机说出她的消极感受。

女人似乎总是在等待时机，只要时机一到，她们就会对男人进行排斥、批评、指责或惩罚。女人认为自己很少有机会倾诉她的感受，因此一旦机会来临，她就可能不顾一切地将各种感觉一股脑地宣泄出来。然而，这仅仅是女人希望和男人进行交流的一种方式而已，她们的目的只是想要说出自己的想法和感受，但是男人却有可能认为女人想要批评、指责、怀疑他。女人本来应该也可以和男人进行交流，但是问题却出在她所选择的时机并不正确。

正如我们在这些例子中看到的那样，女人所选择的时机一般都是男人犯错误或者对女人"示好"的时候。实际上，在这时，男人最需要的是女人给予的鼓励，而不是抱怨或者批评。

这会让男人的挫败感加深，因此有很大的压力，这样一来，他就很难再接受女人的意见。

在这种时候，女人越是想要纠正男人的言行，或是打算给他一个教训，结果越会事与愿违。女人越是用她的消极情绪来对男人施加影响，以便改正他，或者仅仅是表达自己的建议，最终越会使男人产生这样的感觉：女人想要用她的想法或感受控制自己。这样，对于和女人进行有效的沟通这一任务，他就会产生更加强烈的排斥心理。

由于大部分男人白天一般都比较繁忙，很多女人都想在男人回家之后和其进行交流，但是男人经过一天的劳累之后，很想轻松一下，以便恢复元气，如果这时女人想要和他进行交流，往往只能起到反作用。如果他一回家就感受到压力，无法释放自己的紧张感,那么他就会变得极为焦躁不安,自然无法和女人交流下去。即使他有精力,他也更倾向于干一些不需要费力的事情,比如看电视或翻报纸。与此相类似的是,如果男人还处于其他需要沉默或独处的"洞穴"时期,女人希望有效交流的愿望一般也无法得到满足,因为在这段时间里,男人希望最为有效地摆脱自己的疲惫、悲伤,或者找到真实的自我,忘掉困扰他的种种难题而逐渐找到恩爱的感觉。这时,女人只须通过"暂停"和等待交谈的恰当时机,就能得偿所愿。

用有效的方式沟通

在和男人沟通的过程中,女人常常会有很大的挫折感。她们通常使用自以为男人们一定可以理解的语言和他们沟通,结果却发现他们一点都不懂。女人通常会有这样的经历:当她对一个女性朋友诉说某件事情时,对方一般都会有同感,完全同意她的观点,然而,当她对一个男人甚至是跟她的丈夫或男朋友说起的时候,他的意见却往往和她不同。这时候她就可能会有这样的感叹:"男人可真是奇怪。"

男人真的很奇怪吗?可能。在很多时候,他们的确显得固执,甚至"愚蠢"到不可理喻,而且多半不考虑女人的感情和需要。其实,男人和女人并没有难以逾越的鸿沟,也并非天生无法沟通,只是需要采取有效的沟通方式而已。假如女人用积极的方式帮他做好心理准备,那么他就会对每件事都考虑得更加周到。

1. 说出重点

女人的最大特点是通过倾诉来交流感情和排遣压力,她的问题、感受和心情,全都通过语言来宣泄。但是男人却有着截然不同的习惯,他们总是不喜欢女人的谈话方式。对于女人来说,谈话本身比谈话的内容往往要重要得多。她从来不给她的问题排序,想到哪里就说到哪里,随心所欲,顺其自然。要是女人愿意倾诉,一切问题都会喷涌而出,让男人应接不暇。

让男人难以理解的是,女人并不急于解决她的问题,她只是要把内心的感受说出来,唤起男人的理解和共鸣,这样就能让她感到轻松和愉悦。与此相反的是,逻辑严密、聚精会神是男人们的交流方式。他们在谈话时,总是在说出口前字斟句酌,经过深思熟虑后,再以一种十分投入、合乎逻辑的方式表达出来,而且总是带有明确的目的性,这种谈话方式完全是在满足他的男性的一面。一句话,有效地解决问题是男人们谈话的目的。

男人是目标导向型的,只有在他们能够掌握的领域内,他们才会比较自由。女人谈话的目的多半倾向于过程导向,而不是像男人那样倾向于目标导向。两个女人可以并肩坐在一起随意聊天,不一定要有具体的内容,她们照样可以享受沟通的乐趣,但是男人多半会认为这种沟通缺乏结构,没有"营养"。但是很多女人并没有注意到这个问题。当她们想要和男人进行一次深入的交谈时,通常会说"让我们好好地谈一谈"或者"帮我想想我的工作该怎么办"诸如此类的开头。她们所犯的错误都是过于笼统,看上去好像目标很明确,但实际上却漫无目的,而且容易引起歧义,由于没有一个讨论的界限,使得男人不知如何是好。对于这样的沟通,男人可能对它不感兴趣,不愿和她谈话,或者不把她的谈话当回事,这样势必就影响了他们沟通的效果。

因此,当女人打算和男人就某一方面的问题沟通时,必须明确地告诉男人自己想要什么、希望完成什么以及期望他能给她什么，这样，男人就会有思考的核心，从而增强其谈话的自信和放松的感觉，积极地参与到谈话中来。向男人提问题，也可以帮助他建立谈话的结构，问题设计得越好，效果越明显。对于男人来说，女人在沟通时最大的毛病是喜欢拐弯抹角，不能直截了当地提出要求。他们无法忍受女人的旁敲侧击，因为这样会让他们觉得谈话有某种不可预测的危险性存在。

男人和女人对于说话意义的理解有重大偏差，这是不是注定男人和女人无法沟通？当然不是。实际上，如果女人能够在交流方式上做一些小小的改变，她就能让男人明白女人的语言，并且爱听她的谈话。女人最常见的抱怨就是说男人总误解她谈话的目的。女人如果能够在进行谈话之前先让男人的单一思路停下来，让他在心理上有所准备，那么她可能很快就会让男人成为一个忠实的倾听者。你只须很简单地告诉他："我只是想谈谈自己的感觉，因为说出来我会觉得好受些。"通过这种简单、直接的方式，男人就不会觉得自己必须尽力为她提供答案，也不必为此绞尽脑汁，这样他才能轻松起来。这样，在女人谈感受时，男人就会身心放松，会真正听进去。由于除了倾听以外不需要再做什么，所以男人可以给她更多的情感支持，而这也正是她最需要的。

如果女人期望男人能够像她们一样在短短几分钟之内就想出办法，快速地展现自己的内心世界，这是一个非常严重的错误。当你因为男人没有像你一样表达感情而批评他的时候，他会觉得被误解，并且会以故意不对你的要求做情感上的回应来报复你，或者会在语言上顶撞你。在和男人进行情感沟通时，别将你的感受一下子全都倒出来，这会让他毫无招架之力，也不要要求他立刻说出他的感受，尝试用肢体语言，比如握着他的手，拥抱他一下，这样可以使他更快地从思想层面进入到情感层面。

2. 注重沟通结果

大多数女人在沟通的过程中忽略了解决问题，而只是希望通过吐露自己的感受和心情来舒缓压力，于是在和男人沟通的时候，总是把自己所有的想法滔滔不绝地讲个不停，好像事情一经她们嘴里说出来以后就已经解决了一半。她们会在谈话中把所有的问题罗列出来，想要在一天之内把所有的事情都做好，而男人在这个过程中却只想逃避。

在女人全身心地谈话时，男人总是不停地加以评论、纠正或者提出解决办法，结果女人会不耐烦地说："你不懂。"男人听到这种抱怨后会非常沮丧，马上就会产生抗拒心理，这是因为，在男性语言中，"你不懂"就意味着你能力不足，不能够帮助她。女人往往是很自然地说出来，但这句话在男人听起来，不仅是严厉的批评，而且更让他摸不着头脑。男人试图用他的举动说明他完全理解女人的用意，而且还很自豪地要证明这一点，但越努力就离女人的目标越远，女人也就越生气。所以，尽管两个人的出发点都是好的，并无恶意，但谈话却总是以争吵而告终。

如果男人正在试图提出解决方案，而女人只需要男人听她说话时，那么这时候女人必须既不伤害男人的感情，又要让他的努力停止。随着女人对男人的理解越来越深刻，女人会发现，如果女人不提过多的要求，男人反而会更重视你的感情需求。这就是女人可以选择的高级策略：女人对他说，"这其实不是什么大事，我只是想让别人知道我是怎么想的"，男人就会卸掉包袱，将会比以前更专心地倾听。女人还可以说："这只是我的想法，我很愿意说出来。不过，事实并不像我说的那么糟，我只是想谈一会儿话。"这些方法能够让男人停顿下来并做好倾听的准备，这样女人才能继续谈下去，而不受男人解决办法的干扰。从某种程度上来说，女人越是尽早让男人知道她不需要解决方案，男人也就越容易把心思从"决策"转到"倾听"上来。

男人从小接受的训练是寻找答案，并且常常将思考过程内化，除非找到答案或是结论，否则他们就不会表达出来，这就是为什么当女人问男人问题时，他会先说"让我想一想"的原因。当女人在沟通的时候喋喋不休地谈论自己的感受和想法时，他会变得越来越不耐烦，然后试着督促她随便想个办法。如果她的确希望能够解决问题，那么请不要一开始就谈论每一种可能性，然后强迫他立刻对她的提议做出回应。正确的做法应该是，先将她的问题告诉他，然后给他充足的时间考虑，让他深思熟虑一下，这样才能解决她的问题。

3. 男人不容易进入自己的感情世界

现代男性对于感情问题越来越不擅长，对于大多数男人而言，内在的感情世界是既神奇又陌生的去处，他们已经不习惯于花时间去探究他们的感情。对于进行感情上的运作，比如表达感受、怀疑或忧虑，甚至向别人说出忧虑，对男人来说都是一件苦差。但是这并不意味着他们是在抗拒感情，他们也不是冷血动物。即使是那些博学多才的男人，他们可能连最基本的感情都不敢表达。然而，还有一个事实就是，很多男人都急欲学习如何探索内心世界，也有可能比以前变得更多情、更温柔。只是任何事情都没有捷径，都要不断地练习。

如果女人事先预感到男人可能不愿听她谈自己的心事，那么她可以采用几种新方法，使男人做好躲闪和避让的准备。有一种方法就是感激他倾听女人的谈话。如果女人对他说："谢谢你听我说话。在我说话时你没离开我，我真的很感激。"这是增进夫妻关系新方法中的一个高招。

男人感到最头痛的就是女人指望他分毫不差地理解她所说的每一句话。如果女人不知道怎样用男人易于接受的方法把想说的话说出来，最有效的办法就是明白地告诉他。当女人承认让男人听女人说话很困难时，男人反倒更加愿意尽力去倾听以及理解女人的需求，这样，男人就会感激女人的关心，并会尽力帮助女人。这么做还有一个好处是，一旦表示出这种理解和支持，男人就会出自本能地、更大度地容忍女人可能说出的任何错话，也更能理解女人所要表达的真正意思。

女人如果感觉到自己的话男人听起来可能很吃力，那么应该马上提出来。你可以说："我绝没有要批评或责怪你的意思，如果你能理解我，我会觉得非常满足。"通过这种方式，女人就可以提前让男人知道，听她说话可能要受些委屈；也让他知道，尽管你的话听起来可能很刺耳，但这不是你的初衷。女人的这种思维方式，不仅会使男人更愿意听女人说下去，也能使女人能够以"女性"的方式表达自己的感受，同时使男人认识到男人和女人的区别。

请女人记住这一点，如果你想和男人进行沟通，那么请照顾到他的"语言"习惯。如果我们与人沟通时感觉到身心自如，那是因为谈话者采用相同的语言并能相互理解的结果。只有当所有的"语言"和"手势"显示出相互之间的"了解"之后，两个人都觉得满足，这样的沟通才是真正有效的。

第四章　做最有魅力的妻子

创造浪漫温馨的家庭氛围

美国《家庭与妇女》杂志曾经刊登过这样一篇文章，上面写道："作为妻子，你对整个家庭都起着很大的作用。不管是丈夫还是孩子，家庭意味着什么完全取决于你。虽然丈夫和孩子对家庭同样有义务，然而最关键的还是你，尤其是你是否能够给他们做出榜样，是否能给他们创造出浪漫温馨的家庭氛围。"

是的，几乎所有的男人都梦想着有这样的家庭：他们在外面忙碌地工作了一天，回到家后则可以轻松舒适地享受一番。每天早晨起来，他们可以有十足的干劲去迎接工作。男人们的事业与这种家庭氛围有着紧密的联系，而这种家庭氛围又与妻子们的认识有着直接的关系。

相信没有一个女士不希望自己的丈夫能够取得事业上的成功，因此女士们必须给丈夫创造一个最有利的家庭环境，只有这样才能提高他们的工作效率。

创造浪漫温馨的家庭氛围的五个原则

将你们的家变成一个可以放松身体和精神的地方；
努力让你的家住起来比较舒适；
整洁是一项很重要的原则；

家庭气氛一定要祥和愉快；

让你和丈夫同时成为家庭的主人。

我们首先来看第一项原则。妻子们有时候很容易忽视这样一个问题，她们认为丈夫对工作充满了热情，因此不会感到紧张。事实上，不管男人多热爱自己的工作，工作总会或多或少地给他们带来紧张情绪。因此，男人们最渴望的事情是回到家以后可以放松这种紧张情绪，而并不是去承受另一种新的紧张。

对于女士们的一些做法，我是非常理解的。我知道，每一个家庭主妇都希望能够把家打理得井井有条，都希望能把自己的本职工作做好。可是，很多妻子往往没有想到"过犹不及"这个道理，正是因为她们的过分挑剔和严格，所以才使得丈夫不能在家得到很好的放松。

有了轻松的环境以后，舒适就成为最重要的事情。几乎所有的家庭都是由妻子布置的，所以你们不应该忘记，男人最希望得到的家庭环境就是舒适。由于性别上的差异，很多女性认为非常有格调的东西却让男人们感到受不了。事实上，男人们对那些精美的小饰品、漂亮的小桌椅以及好看的纺织品根本不感兴趣，他们想要的不过是有一个地方放他们的烟灰缸和报纸。

因此，女士们在布置家庭之前，一定要首先了解究竟什么样的环境才是男人认为最舒服的。

除了舒适和轻松以外，整洁对于一个家庭来说也是十分重要的。虽然男人们经常会"破坏"家庭环境，但他们同样喜欢整洁的家庭。如果他看到家里到处都是一片乱糟糟的景象的话，那么就很有可能一头钻入酒吧、保龄球馆。男人都是这样，他们可以容忍自己的懒散和凌乱，却不能宽容别人。

我有一个朋友曾经和我说，年轻的时候，他曾经打算向一个温柔漂亮的女孩求婚。可是当他来到女孩的房间时,却马上打消了这种念头。因为当时他看到,这个女孩的屋子简直太凌乱了,那情形就好像刚刚发生过一场抢劫案。

如果说轻松、舒适、整洁的环境是有形的东西,那么祥和愉快的气氛则是属于无形的东西。然而,这些无形的东西所起到的作用却远比有形的东西大得多,因为家庭气氛对一个男人事业的影响是相当大的。男人在外总是会承受很大的压力,因为所有人都是以挑剔的眼光来寻找他身上的缺点和错误。只有回到家中,男人才能获得最高的待遇,因为有一位天使能发现他美好的一面。天使从不给他增加负担,也不会专门制造麻烦。她所做的只是给他情感上的呵护,精神上的安慰,使他有精力去面对新的一天,而这位天使就是妻子。女士们必须明白,要想成为尽职尽责的妻子,必须能够给丈夫创造出一个祥和愉快的家庭气氛。

此外,女士们还要注意一点,那就是你并不是家里的女王,丈夫也不是你的仆人。你们两个同样都是家庭的主人,甚至于你应该想办法让丈夫觉得他才是家中的国王。如果家里需要装修或是添置一些新的家具,那你们就应该先征求一下他的意见,而不要事后才递给他一张纸说:"这是我们的付款单。"我知道很多时候男人们的选择并不符合女人的口味,但你必须让他知道,你其实和他一样喜欢这些东西。妻子应该让丈夫觉得,在这个家中他们是有决定权的,这样他们就会对家的意义认识得更加深刻。

所有的男人都需要这样一种感觉,家是他生命中的一部分,没有家的生命是不完整的。女士们可能都不知道,事实上丈夫对家庭的关心一点都不亚于妻子,只不过你们没有察觉到而已。

最后,我希望女士们能够记住我的话:家务是必须做的事情,但千万不要因为盲目而使家务失去真正的意义。作为妻子,你们做任何家务只有一个目的，那就是给丈夫创造一个浪漫温馨的家庭环境。

向他表达你的爱和幸福感

爱情是世界上最美好的东西，也是最适宜身心的精神食粮。对于每一个人的精神来说，都需要靠爱才能得以生存和成长。如果一个人失去了爱，感受不到爱的温暖，那么他的良心、道德心就一定会被现实扭曲，甚至发生很可怕的变化。

著名心理学家波尔特说："在一般情况下，所有人，特别是那些很普通的人，能够说出的最正确的话就是，他永远不会认为别人的爱已经非常足够了，同时也不会认为别人给予他的爱已经让他感到满足了。事实上，每个人都对爱有着渴求甚至贪婪的态度，都希望从别人的身上获得更多的爱。"

的确，爱在人类的生活中有着十分巨大的潜力，比之原子弹爆炸的威力都不小。女士们是否相信，爱可以让你们的每一天都产生奇迹！为什么？因为你对你丈夫纯洁、真挚的爱会成为他努力工作的动力。我想女士们都有这种感受，当真心爱一个人的时候，你们就会心甘情愿、全心全意地为他去做任何事，目的就是让对方感到幸福、快乐，并帮助他获得成功。

女士们一定很奇怪，卡耐基为什么会在这里和你们大谈特谈有关爱的意义。其实，能够看到每个家庭都幸福美满一直都是我最大的心愿。然而，并不是女士们了解了爱的真谛，清楚了爱的意义就能够使自己的家庭幸福、快乐、美满。举个简单的例子，如果我和你们面对面坐在一起，不说一句话，不做出任何表情和举动，那么女士们怎么可能知道我的心里一直都在说："亲爱的女士们，我是永远爱你们的。"

曾经有一位诗人说过："世界上最可悲的事情，就是那些在经过之后才发现自己曾经享受过人生最宝贵的东西，而在当时却没有这种感觉。"

三年前的一天，我的老朋友基米·德尔斯离开了我。几天以后，他的妻子给我来了一封信，信中对我这些年来给他们的帮助表示感谢，而且也和我说了很多心里话。其中，有一句话给我的印象非常深刻，她说："也许，基米到死的时候也不知道我一直都是那么爱他，需要他，不能没有他。我不知道是谁的错，但我可以肯定他是带着遗憾而去的。如果再给我一次机会，我一定会把所有的心里话告诉基米。可是现在，基米不可能再回来了，也永远不会知道这件事了。时间是不能倒流的，那些曾经有过的岁月也绝不会再回来了。"

的确，对于他们的生活我还是很了解的。坦白说，这对夫妻还是很恩爱的，这被所有人都公认。在外人眼里，他们永远都是最幸福、最快乐的夫妻。然而，事实上，我的老朋友基米却经常不开心。曾经有一次，基米对我说："戴尔，我真的不知道自己是不是做得不够好？可我真的已经尽力了。我妻子从来没有夸奖过我，也没有说对现在的生活是否满意。虽然我们在一起生活了那么多年，但我却一点都不知道她内心是怎么想的。我尽了我最大的努力，给了她所有我能给的，可是我却不知道她是否感到幸福。更可笑的是，我现在居然开始怀疑她是否还爱我，因为我已经有10年没有听过她对我说'我爱你'这三个字了。"

我想，我的朋友基米真的是误会了，因为从那封信完全可以看出，他妻子的确是非常非常爱他。可是，是什么原因导致基米产生错觉呢？其实很简单，那就是基米的妻子从来没有将自己的爱和幸福感表达给他，从而使他对自己、对家庭、对妻子失去了信心。

　　女士们千万不要认为这不过是一个很特殊的例子，事实上这一问题存在于很多家庭之中。美国两性心理学专家德俄曼在三年前和他的同事一起对 1500 对已婚夫妇进行了调查研究，当他把研究公布于世的时候，让很多人都目瞪口呆。他在自己的调查报告《婚姻的毒药》中写道："在美国，性格粗野、唠叨、挑剔是导致夫妻之间出现不合的罪魁祸首。然而，令人意想不到的是，我的调查结果告诉我，导致美国夫妻婚姻出现问题的第二大原因竟然是妻子不知道该如何向丈夫表达出自己的爱。"

　　德俄曼说得很对。在前面我已经说过，爱是促使丈夫努力工作，并获得成功的最主要动力。然而，这一切的前提必须是丈夫得到爱的信号。因为如果不能从妻子那里得到明确的信息，那么他们就不知道自己的妻子是不是像自己想象中的那样爱自己。于是，他们开始对自己付出的努力产生怀疑，从而失去奋斗的动力。更加严重的是，他们甚至开始怀疑自己付出的爱是不是值得，从而影响夫妻关系。

　　曾经有一位非常"郁闷"的男士告诉我，他现在不知道该怎么办，因为妻子从来没有向他表达过爱和幸福感。他不知道自己每天那么拼命地工作到底是为了什么？也不知道自己和妻子的爱情到底还能持续多久。他做过努力，也曾经尽力讨好过妻子，但一切都没有起到作用。最后，他说他决定放弃，因为他不想花费时间和精力去维持一段模糊的爱情。

不懂表达爱的危害

不能让你的丈夫明确你是否爱他。

使他对自己的努力产生怀疑。

使他不信任和你之间的爱情。

有时候我真的很奇怪,为什么很多女士在遇到一件非常危险的事情的时候可以很机敏地化解掉,却从不知道给自己的丈夫一直都渴望得到的"爱情面包"。我知道,那些女士很坚强,即使她们的丈夫丢掉了工作、染上了重病,甚至于被关进了监狱,她们也会坚强地生存下去,而且还能够不断地给予丈夫帮助和鼓励。然而,当生活变得平淡无奇的时候,她们却往往不记得和丈夫说:"你在我心中永远是最重要的,我永远爱你,正是因为你,我才有了如今的幸福。"

曾经有一位女学员告诉我,她不认为向丈夫表达爱和幸福感是一件重要的事,因为男人照顾、爱护女人是天经地义的事情。事实上,真正应该表达爱和幸福感的恰恰不是女人,而是那些不懂风情的男人。的确,在那位女士和我说完那些话之后,我特地研究了一下这个问题。最后,我发现她说的问题确实存在,因为那些经常抱怨自己的丈夫不懂得赞美和爱护自己的女人,也常常会吝啬对丈夫表示赞扬和爱。她们更多的是把眼睛盯在丈夫的错误上。

芝加哥大学婚姻关系研究博士塔尔·博兰特曾经说:"有一些女士做得实在很过分,因为她们把所有的注意力都放在了自己身上,也就是说她们太过于爱自己了。不过很可惜,这一类的女士很少愿意把自己的爱分给别人,即使有,也非常少。"

其实,我倒是认为塔尔·博兰特博士实际上是在表达另一层意思，他是在告诉我们，凡是那些能够真心地、体贴地向别人表达出爱的女人，往往也能从别人那里得到更多的关心、爱护和爱。

另一位在婚姻关系研究界很著名的专家斯勒西·迪克斯对于这个问题也有很精辟的见解。他曾经在一次演讲中说："很多妻子总是不停地抱怨，丈夫实在太不理解人。因为他们一直都把妻子所做的一切看成是理所当然的，而且还从不知道赞美她们，也从没有把注意力集中在妻子所穿的衣服上，更别说是对妻子表示出爱。可是，这些女士没有发现，在抱怨的同时，她们同样也对丈夫表现得很冷漠。也许这些女士永远不会明白，自己的丈夫为什么会对那些善于'溜须拍马'的女子很重情，而对她们这些任劳任怨的妻子视而不见。事实上，并不是只有女性才会对爱情有着深切的渴望，男人也一样。"

如果说妻子不懂得该如何向丈夫表达爱还是一种可以原谅的行为的话，那么那些妄图利用男人对爱情的渴求心理而达到自己目的的妻子则更加不可原谅。在马里兰州最高法院曾经遇到过这样一个案子，它的中心主体是讨论妻子可不可以永不与丈夫说话作为要挟的条件，从而从丈夫手中获得她希望得到的金钱。当然，法庭最后还是判了女方败诉，因为所有人都一致认为，一个妻子是不可以给自己的爱情定上价钱的。

女士们，我希望你们能够理解男人的苦衷，也能够明白男人对爱的这种渴求心理。曾经有人将夫妻之间这种冷淡的爱情关系形象地比喻为"婚姻精神食粮不足"。的确，男人不只是靠物质生存下去的。事实上，他们更渴望得到一块爱的蛋糕，而且也更需要你们在上面加上一些甜甜的奶油。因此，女士们，不要害羞，也不要苛求，大声地向你们的丈夫表达出你的爱和幸福感，这会让你的家庭生活变得幸福美满。